蜕变
Metamorphosis

[英] 艾丽卡·麦卡利斯特　阿德里安·沃什伯恩　著
苏志梅　译

昆虫如何塑造我们的世界
How Insects are Changing Our World

中国纺织出版社有限公司

原文书名 :Metamorphosis：How Insects are Changing Our World

原作者名 :Erica McAlister with Adrian Washbourne

Metamorphosis was first published in England in 2024 by The Natural History Museum，London.

Copyright © The Trustees of the Natural History Museum，London，2024

Text © the authors

Images © as per the picture credits on page

This Edition is published by China Textile & Apparel Press by arrangement with The Natural

History Museum，London through Rightol Media.

本书中文简体版经 Natural History Museum 授权，由中国纺织出版社有限公司独家出版发行。本书内容未经出版者书面许可，不得以任何方式或任何手段复制、转载或刊登。

著作权合同登记号：图字：01-2024-5695

图书在版编目（CIP）数据

蜕变：昆虫如何塑造我们的世界／（英）艾丽卡·麦卡利斯特，（英）阿德里安·沃什伯恩著；苏志梅译 . 北京：中国纺织出版社有限公司，2025.7.--ISBN 978-7-5229-2227-0

Ⅰ. Q96-49

中国国家版本馆 CIP 数据核字第 2024PH4238 号

责任编辑：向　隽　林双双　　责任校对：寇晨晨

责任印制：储志伟

中国纺织出版社有限公司出版发行

地址：北京市朝阳区百子湾东里A407号楼　邮政编码：100124

销售电话：010—67004422　传真：010—87155801

http：//www.c-textilep.com

中国纺织出版社天猫旗舰店

官方微博http://weibo.com/2119887771

北京华联印刷有限公司印刷　各地新华书店经销

2025年7月第1版第1次印刷

开本：880×1230　1／32　印张：8

字数：150千字　定价：78.00元

凡购本书，如有缺页、倒页、脱页，由本社图书营销中心调换在生物学中，我们都知道一个非常有趣的生物发育现象，即许多生物在生长发育的过程中会经历十分显著的形态变化——幼体变为成体之后面目全非。比如，昆虫发育过程中的毛毛虫化蝶、蛙类从小蝌蚪变成了青蛙等，都是大家熟悉的例子。生物体所经历的这一形态变化过程，生物学上称之为"变态"或"蜕变"。因而，当我初看这本书的书名时，我误以为这只是一本讲述发育生物学的书，完全没有想到这竟是一本几乎包罗万象、精彩纷呈的昆虫学百科知识集锦。所幸我很快就意识到"蜕变"一词，在这里是语义双关的：它既是指昆虫在发育生物学上的蜕变，也是指昆虫对周遭环境的影响之大，以至于使我们的日常生活和整个物质世界都发生了蜕变。当我恍然大悟之后，愈加感到这个书名真是妙不可言。本书作者既是伦敦自然历史博物馆的昆虫学家，又是颇负盛名的科普作家，因而书中的内容既专业严谨又易懂有趣，我兴味盎然地一口气就读完了这本200多页的书。在此，我也向读者朋友们郑重地推荐这本书。

本书有一个十分独特之处是每一章的论题，作者都选择了一个我们所熟悉的、并具有代表性的昆虫物种来阐述，一边介绍与这些代表动物相关的昆虫学知识及其重要研究者的生平、贡献和轶事，一边介绍它们是如何影响了人类的生活方式，以及怎样塑造了我们周围的世界。这种别具一格、夹叙夹议的方式，大大地提高了读者的阅读兴趣，我想这是作者作为科普"行家里手"的"看家本领"。比如，第一章讨论"微观世界的弹跳王"，作者选取了动物世界的弹跳冠军跳蚤为代表，不仅详细介绍了跳蚤跳得如此之高这一令人咋舌的现象背后的生物力学以及生物化学机制（均为硬核科学细节），而且生动地讲述了金融大亨罗斯柴尔德家族对跳蚤的痴迷程度以及不惜花重金收藏全世界各种跳蚤标本的奇闻轶事，尤其是女儿米里亚姆·罗斯柴尔德在昆虫学与植物学研究上所做的杰出贡献。

本书另一个重要的特点体现在，作者还是一位熟稔生物学研究历史的科学史家。贯穿全书，她向读者介绍了林奈发明"生物学命名法"的故事；达尔文如何根据自己的自然选择和生物间协同进化的原理，从彗星兰（即达尔文兰花）的超长蜜腺（花距）预测到了长喙天蛾（即"预测天蛾"）在自然界中的存在，以及华莱士如何协助，最终竟在非洲找到了它！第三章介绍果蝇时，自然没有漏掉哥伦比亚大学神奇的摩尔根果蝇实验室及与其相关的有趣故事。值得指出的是，摩尔根原先是不同意达尔文学说的，而且对孟德尔遗传学也有诸多保留意见，他本来试图用果蝇的系列研究来推翻他们的理论，结果适得其反——一系列的实验结果却证明了达尔文与孟德尔是正确的！看似是颇具讽刺意味的故事，却让读者们领略了科学探索的旅途风景、科学家们锲而不舍地追求真理的科学精神。

第五章"昆虫界的'侦探'"不仅引入了法医昆虫学这一应用昆虫学的重要分支，而且追溯到了13世纪中国法医学家宋慈（时任南宋提点开狱）运用苍蝇破案的记载。这些连我们中国人大多都不知晓的事，作者在书中却能娓娓道来、如数家珍。同样，在第九章"昆虫王国的智慧"里，作者介绍了19世纪末20世纪初的一位研究蜜蜂的美国非裔昆虫学家（也是民权斗士）特纳，尽管他非常优秀，曾获得芝加哥大学的博士学位，由于那个时代种族主义盛行，他因受到种族歧视竟无法在大学或科研机构找到一个研究岗位，只好去中学里教书。然而，他依然奇迹般地做出来一些十分漂亮的昆虫学研究工作，并且发表了40多篇科研论文。

此外，作者在书中还介绍了英国著名的博物学画家梅里安女士（多年前我去英国访问时，曾在皇家植物园邱园观赏过她的博物学画作收藏，留给我的印象至深），以及研究蜜蜂和果蝇神经系统的女性科学家谢勒的杰出贡献。书中许多有趣的人和事，连我这个生物学家（并一直对科学史有着浓厚兴趣的人）也是头一次听说。

总之，这本小书集昆虫生物学、昆虫在技术发明上的应用、科学史、人物小传等于一体，可读性非常高。不特此也，我看完这本书的切身感受是，如同在书店里买了一本有趣、有料、有益的小书，却又同时获赠了几本与此相关的好书。我相信，每一位爱书的人遇见这本书后，也都会像我一样觉得是物有所值、满载而归了。

写于 2025 年 3 月 24 日

苗德岁

谨以此书献给微笑倾听我诉说的母亲。

感谢你！你是我生命中最美好的人。

——艾丽卡 ♡

目　录

大蜂虻（林奈，1758）是英国花园里的常客，它们的出现预示着春天已经到来。大蜂虻是全世界已知的数百万动物中的一员

昆虫的数量是人类数量的2亿倍，早在人类出现之前，昆虫就已经把地球塑造成了我们今天看到的模样。对许多人来说，昆虫是"可怕的爬虫"，最好留在灌木丛中。但昆虫学家清楚地知道，昆虫是这个星球的命脉，有着包括授粉在内的许多重要作用。

　　数千年来，昆虫的存在塑造了人类文明。飞蛾幼虫、工蜂和半翅目昆虫的防御机制为人类提供了丝绸、蜡和染料，并见证了时代的发展。千百年来，蝗虫一直是我们饮食的一部分，如果你正在尝试"原始饮食法"，那对蝗虫一定不会陌生。我们对昆虫的印象可能是肮脏，或者会传播疾病，但正是这些娇小而强大的生物为人类带来了非凡的发现，从机器人技术、遗传学到法医学，昆虫改变了我们对农业、医学、航空航天、人工智能、生物多样性以及我们自身的认识。有一种苍蝇不仅在地球上，在太空中也为人类提供了巨大帮助；有几种甲虫帮助人类在最恶劣的环境中生存；蟑螂则教会了我们有关动物生理的奇妙知识。

人类对昆虫的了解和昆虫对人类的了解一样少。我们甚至不知道世界上到底有多少种昆虫。截至2022年9月的统计数据，哺乳动物物种为6 495种。这个数字看似惊人，但与昆虫的数量相比，简直不值一提。迄今为止，所有生物种类在500万种到22亿种之间，而已知的昆虫物种约有100万种。这个范围非常广，但即使我们采取最保守的估计，数量仍然是惊人的。

为了更方便地描述环境，我们需要为事物命名。我们都知道人类是如何为事物命名的——说到"小舟·麦克船脸号"（Boaty McBoatface）这个名字，英国人肯定会偷笑。这是一艘名为"大卫·阿滕伯勒爵士"号（RSS Sir David Attenborough）的科考船。有些名字取的时候还好，但在使用过程中就会发现问题。

命名并不是新话题，研究命名的学科被称为分类学（taxon-omy），这个词源自希腊语，意思是"排列方法"，这可以追溯到3 000年前。在中国和越南的民间神话中，神农氏是农业文明的开创者。他不仅发明了锄头和犁等工具，以及使用煮沸的马尿来保存种子，还是最早将植物入药的人。而且，在公元前3 000年左右，人类开始对生物进行分类，这也是神农氏的功劳。公元前206年，这些知识被整理成《神农本草经》。其中，上品包括120种对人体无害的药物，中品包括120种对人体有益的药物，而下品记载了125种具有毒性的药物。我觉得顺序反过来可能效果更好！

神农和他的植物——郭诩绘于 1503 年

从中国到印度，动物命名大约在公元前 400 年就开始了，当时的印度医生和学者查拉卡（Charaka）就已经开始为动物命名，并乐此不疲地对"物种"进行分类。他将动物界分为 4 类：通过子宫出生的动物，即人类和其他有胎盘的哺乳动物；通过卵出生的动物；从潮湿和高温环境出生的动物，比如蠕虫和蚊子；从植物中出生的动物。这在现在看起来可能觉得好笑，但这可是 2500 年前的分类！而在仅仅 100 年后，另一位印度学者普拉斯塔帕达（Prasastapada）提出了一种新的分类法：分为无性和有性两大类，后者又分为有性和卵生两类。印度学者苏斯图哈（Sustuha）从公元100年开始将昆虫分为三种：寄生虫（krimi）——从湿气、粪便和腐烂尸体中产生的昆虫；一般昆虫（kitas）——毒虫和大蝎；蚂蚁（pipilicas）——蚂蚁、蚊子、蚋等小虫。此时离我们真正了解昆虫是如何"诞生"的，还有很长一段时间（本书对此有介绍）。

但由于这些书籍和传统直到中世纪❶才传到西方世界，因此在这方面，古希腊和古罗马对我们的影响更大。来自古希腊的亚里士多德（Aristotle，公元前384—前322）被认为是第一个对所有生物进行分类的人！来自古罗马的老普林尼（Plinius，公元23—79）是一位军人，同时也是一位作家和博物学家，在他的著作《自然史》（*Naturalis Historia*，共37卷）中介绍了许多物种，这部著作现在被称为第一部科学百科全书。

到了16世纪，全球各地都在对动植物进行分类，但是缺乏统一性。许多名称是一个长句，虽然具有描述性，但对分类帮助不大，比如"Caryophyllum saxatilis folis gramineus umbellatis corymbis"的意思是"生长在岩石上，叶片像草，具有伞状花序的丁香"。如果你对生态环境了解越多，给动植物取的名字就会越长，类似于"艾丽卡·麦卡利斯特的女儿，目前住在伦敦南部，头发略微蓬乱，唱歌嗓音不佳但很动听。""阿德里安·沃什伯恩的儿子，目前住在英格兰南部郊区，头发比上述几种人少，但嗓音更好。"这样就会变得非常混乱，如果名字中还包括不同语言，那么问题就更复杂了。1623年，瑞士植物学家加斯帕德·博安（Gaspard Bauhin，1560—1624）出版了《植物学纵览》（*Pinax*

---

❶ 中世纪是指从公元5世纪后期到公元15世纪中期。

Theatri Botanici）一书，书中收录了数以千计的植物名称，其分类方式与后来卡尔·林奈（Carl Linnaeus，也被称为 Carl von Linne，Carolus Linnœus，Carolus a Linnes，1707—1778）建立的更全面的植物分类系统并无二致。

林奈提出了具有里程碑意义的双名命名法系统，将不同的名称叫法进行了统一。《自然系统》（*Systema Naturae*）第一版出版于1736年，但直到1758年的第十版才诞生了动物命名法。林奈开始将混乱化为有序，探索世界的欲望创造了知识的大杂烩。从家乡瑞典开始，林奈还游历了拉普兰、法国和英国，边走边对物种进行命名。

林奈著名的收藏存放于英国，1784年，英国植物学家詹姆斯·爱德华·史密斯爵士（James Edward Smith，1759—1828）在另一位英国科学家约瑟夫·班克斯爵士（Joseph Banks，1743—1820）的推荐下，从林奈的遗孀萨拉·丽莎（Sara Lisa）手中购得了林奈的收藏。只花了1 000几尼❶，收藏包括14 000个标本和书籍、手稿，一起漂过北海存放在位于英国伦敦皮卡迪利大街的一个防弹地下室里，这就是史密斯创立的伦敦林奈学会的所在地。

许多人可能没有听说过这个学会，甚至科学家们也不一定听说过，但对于那些对分类学感兴趣的人来说，这个学会有着举足轻重的地位。保险库中保存的标本都有名称，所有分类学家在查询现有物种或创建新物种时都会参考这些标本，我们称为模式标本。

---

❶ 几尼是一种古代欧洲金币，英国从17世纪起铸造发行几尼，到19世纪停止发行。一磅黄金能铸造四十四几尼半的金币。

一位苍蝇专家正在看着林奈于 1758 年描述的蜂蝇（蜂虻科）模式标本。存于林奈学会

　　双名命名法的名称最初用的是拉丁文，但现在基本是多种不同语言的混合体（已拉丁化），名称后面加上描述者的姓氏和定下名称的年份。与生活一样，分类学也在不断发展，我们经常会发现某个物种不再适合归于原来的属，于是就被移到了别的属，这通常通过在名称和日期周围加上括号来表示。但是动物学家和植物学家在这方面的做法有所不同，甚至会让人感到有些混乱。比如，植物学有一个作者标准化了缩写表，如果某个物种改变了属，更改者的名字就会被写上去。例如，夏栎的名称为 *Quercus robur* L.，L. 是 Linnaeus（林奈）的缩写，而无梗花栎的名称为 *Quercus petraea*

（Matt）Liebl，因为这种植物最先是马图施卡（Mattuschka）描述的，之后被李布林（Lieblein）移到了栎属。

为了确保分类学家在命名时仍能保持一致，我们为动物学家和植物学家分别制定了一套规则，如《国际动物命名法规》《国际植物命名法规》，同时还正式确定了典型化原则，即应用名称的规则。现在，我们认识到命名分为主要类型和次要类型。主要类型是具有命名地位的类型。次要类型则没有命名地位，但由于多种原因而具有其他价值，例如可能在同一时间或同一地点捕获。在本书中，学名旁边都标注了姓名和日期，让读者了解有多少人在孜孜不倦地描述着新物种，而且往往没有任何报酬，一页页档案背后都是许多人努力的结果。

就在林奈学会这个地下室附近，还有一个规模更大的收藏馆，位于伦敦自然历史博物馆内。里面有 8 000 多万件标本，其中有约 3 400 万件昆虫标本，最小的黄蜂（*Dicopomorpha echmepterygis* Mockford，1997）长仅 0.127 毫米，最大的陈氏竹节虫（*Phobaeticus chani* Bragg，2008）长 567 毫米。这些标本有很多都价值连城，包括约瑟夫·班克斯收藏的标本，其中有库克船长（Captain Cook）乘坐"奋进号"（HMS *Endeavour*）环球航行时收集的标本，还有更古老的詹姆斯·佩蒂弗（James Petiver，1665—1718）的昆虫收藏，这些昆虫被存放在小盒子里或云母片之间！更重要的是，这里存放了数量最多的模式材料——约 25 万件原型标本，其中不包括次级类型。

但昆虫不仅仅是一个名字或一种功能，它们还是一种形式。昆

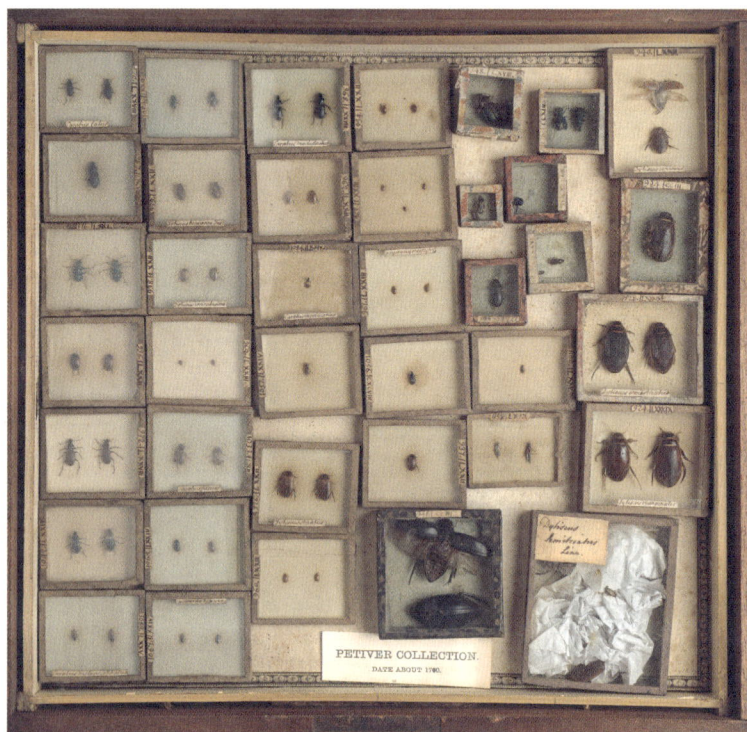

詹姆斯·佩蒂弗收集的一部分甲虫标本，收藏于伦敦自然历史博物馆

虫的形态千姿百态，令人叹为观止。正是这种多样性帮助我们将它们一一区分开来，也正是这些形态上的变化使它们的足迹遍布全球，而这种非凡的多样性正是本书的核心所在。长期以来，我们一直在观察这些小动物，描述我们所看到的一切，但直到最近，我们才开始针对它们提出不同的问题。我们所熟知的历史人物，以及那些作品被隐藏在期刊档案中或名字早已被遗忘的人，让我们开始思考这个微小世界中到底发生了什么。正是这些探索者的顽强精神，

促成了最令人惊叹的发现，也正是受到这些小昆虫的启发，人类才诞生了许多新的生物技术，让我们更好地生活在这个星球上。翻开这本书，您将看到这些人的发现之旅，了解他们所发现的昆虫，以及由此产生的创新发明。

观察者眼中的"美"——一个鸡头，眼睑里嵌着密密麻麻的跳蚤

微观世界的弹跳王

亚当

哈德姆

——《跳蚤》奥格登·纳什

在自然界中，运动能力最强的动物非跳蚤莫属。虽然跳蚤没有翅膀，但是能够轻松地连续跳起超过自身长度60倍的高度。从王侯将相，到平民百姓，可以说没人能逃过跳蚤的困扰，但科学家们却对它们有着浓厚的兴趣，经过近300年研究，终于揭开了跳蚤运动天赋背后的秘密。受到跳蚤跳跃能力的启发，研究人员在人类医学、微型机器人等领域取得了新的突破。

我们认识跳蚤的途径多种多样。对我来说，是放在我伦敦自然历史博物馆办公桌上的那件藏品。我的办公桌上除了放着一些稀松平常之物，比如手机、笔记本电脑、显微镜外，还有一个鸡头。很遗憾，我也不知道是谁制作的。不过请放心，我不是野蛮地把一个鸡头丢在桌上。我说的这个"鸡头"是一个1907年出自斯里兰卡的藏品，鸡头用酒精浸泡，装在一个漂亮的玻璃密封容器里。但是，吸引我的并不是鸡头本身，而是它眼睑下面长出来的数十只小跳蚤。

　　这些跳蚤属于禽冠蚤（*Echidnophaga gallinacea*，维斯特伍德，Westwood，1875），因为其特性，也被称为吸着蚤。禽冠蚤是跳蚤中比较罕见的种类。一般来说，跳蚤会在寄主身上跳来跳去，躲避驱赶，而禽冠蚤则寄生在寄主的眼部周围，这里是禽类梳理羽毛的盲区。禽冠蚤一般生活在鸡和其他飞禽的眼睑部，但也在狗甚至人类眼睑部发现过禽冠蚤。

　　成年禽冠蚤的身体结构更适合附着在一处不动，而不是通过跳跃躲避尖喙和利爪。禽冠蚤的脑袋是固定的，凭借着强大的咬力，牢牢地嵌在寄主的眼睑部。找好位置后，雌性禽冠蚤便不会再挪动。产卵时，它们会用力将卵射出，确保不被寄主发现。其他种类的跳蚤拥有惊人的跳跃能力，但是成年禽冠蚤却不会跳跃，成年前

依偎着的小跳蚤——几十只跳蚤眨眼间就挤在一起

也仅仅会"小跳"，这真的太有意思了。

大多数人在生活中都遇到过跳蚤，它们一般会出现在毛茸茸的宠物身上。小时候有人送了我一个显微镜，之后我便爱上了研究昆虫，这也是我现在成为昆虫学家的原因之一。那是一台被学校弃用的教学显微镜，万幸，最后被我拿到了。

小时候，我养过一只山羊，还养过鸡、鸭、鹅、兔子，甚至还养过豚鼠，当然也少不了猫和狗。我养的那些猫喜欢到处闲逛，每次回家都会带点东西回来，我就是从那时候开始对蛆感兴趣的，但这是后面的故事了。在猫身上，我经常发现跳蚤。看到跳蚤我就会去抓，但总是抓住后又被它们跑掉，弄得我手忙脚乱。跳蚤非常有本事，就算我抓住了它，张开手查看的时候往往发现什么都没有。当我真正抓到跳蚤时，我会拿一个透明盒子把它们装起来，然后放在显微镜下观察。它们会朝着镜头乱跳，非常有意思，我经常会看着看着笑出声来。

跳蚤不会飞，它们主要靠跳跃行动。虽然跳蚤现在属于蚤目，但其实，跳蚤的祖先是有翅膀的，和苍蝇（双翅目）还有蝎蛉（长翅目）都是近亲，人们对这3个目之间的关系争论不休。英国布里斯托大学的埃里克·迪赫尔卡（Erik Tihelka）和她的同事最近研究发现，跳蚤是直接由长翅目进化而来。跳蚤最早寄生在植物上，之后，大约在2.9亿年前～1.65亿年前，为了摄取更多营养而转移到哺乳类动物身上，最后寄生在鸟类身上。在这个过程中，跳蚤进化出了很强的跳跃能力，取代了飞行能力。

罗伯特·胡克（Robert Hooke, 1635—1703）1665年曾出版一

本书《显微图谱》❶。书名很长，所写的主角却是很小的生物，书中对跳蚤有过生动的描述和绘画。

　　经过仔细观察，胡克发现跳蚤的腿非常特别，他写道："它看上去能把腿一截挨一截地缩起来，然后突然展开或绷直。前腿的A部分缩在B下面，B缩在C下面，并且两条前腿彼此平行。旁边的两条腿虽然也是彼此平行，但形态则和两条前腿完全相反，D相对于E是展开的，E相对于F也是展开的。跳蚤的后腿三个部分G、H、I与折叠尺或者人类的脚、腿、大腿一样，相互弯曲。跳蚤的

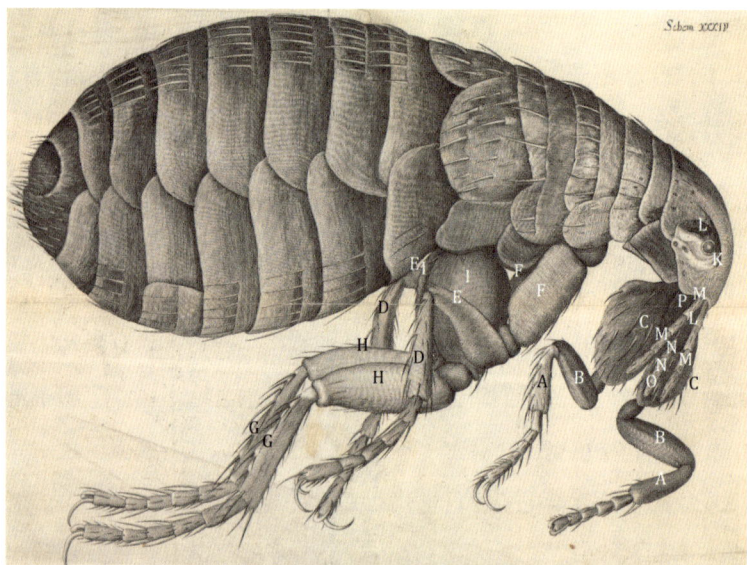

罗伯特·胡克画的跳蚤，身上标注着描述跳蚤跳跃时使用的字母

---

❶《显微图谱》原名是 *Micrographia or Some Physiological Descriptions of Minute Bodies Made by Magnifying Glasses with Observations and Inquiries*。

六条腿是同时卷缩着的，当跳跃时，则同时发力，一齐弹开。"

如此细致的观察让人们对跳蚤有了一定了解，经过数百年的进化，跳蚤也确实证明了它们拥有惊人的跳跃能力！我小时候就经常听说，如果跳蚤有人类这么高，它们可以跳过超过110米高的英国圣保罗大教堂。但真的是这样吗？或许是吧。如果不考虑生物学和物理学理论，不考虑把跳蚤放大以及变大后它们怎么移动或如何支撑住自己等问题，仅仅按比例放大。就拿我养的猫身上的跳蚤（猫蚤）来说吧，这些跳蚤一般有1.5毫米高，能跳到等同于自身高度50倍的地方，相当于身高1.6米的我可以跳80米高。所以，不考虑科学性的话，如果跳蚤有人类这么高，它就能跳过圣保罗大教堂。

它们是如何做到这一点的呢？这就不得不提起米里亚姆·罗斯柴尔德夫人❶了，这位受人尊敬的英国自然学家一生都致力于对跳蚤的研究。她曾经把跳蚤形容为"用腿在飞"。她还提出过一个观点：如果生活环境是在毛发中，那么翅膀对你来说是没有作用的。

当时，罗斯柴尔德这个名字几乎是银行家的代名词，米里亚姆的父亲纳撒尼尔·查尔斯·罗斯柴尔德（Nathaniel Charles Rothschild，1877—1923），人们一般叫他查尔斯，他在世时全身心投入家族事业中，据称，他一辈子没有旷过一天工！但他对跳蚤情有独钟，他一生中收集了超过260 000只跳蚤，包括925个不同种类，有很多种类甚至是首次被发现。1913年，这些跳蚤全部被赠予了伦敦自然历史博物馆，但直到1923年查尔斯去世，这些跳蚤才正

---

❶ 英文名 Miriam Rothschild（1908—2005），英国罗斯柴尔德家族的成员之一。在动物学、昆虫学和植物学等领域有着杰出的贡献

式成为博物馆的财产。如果你不知道这笔遗赠有多重要的话，我来说一个数据——这些收藏囊括了超过70%的跳蚤物种和亚种。这组藏品被称为"罗斯柴尔德珍藏"，是为数不多仍保存于原配精美橱柜中的珍品。作为负责它们的博物馆研究员，我深深珍爱这些藏品。

查尔斯一生四处旅行，这从他的收藏就可以看得出来。藏品从世界各地收集而来，其中不乏罕见物种。特林自然历史博物馆❶里陈列有1905年从墨西哥收集来的罕见跳蚤工艺品，我办公桌上也有放。它的西班牙语名称为"Pulgas Vestidas"，意思是"穿着衣服的

查尔斯的收藏。图上标签文字："橱柜、怪物和怪胎。"

---

❶ 即the Natural History Museum at Tring，位于英国赫特福德郡的特林，伦敦自然历史博物馆的一部分，是世界上规模最大的鸟类标本收藏馆之一。——编者注

新娘和新郎。来自墨西哥的跳蚤"人偶"，1905 年

跳蚤"，这也是它不同寻常的地方。这种工艺品最早来自瓜纳华托（Guanajuato）的女修道院，之后在当地村庄流行开来，并成为游客纪念品。当然，并不是真的给跳蚤穿上了衣服，而是把跳蚤的头放在小人偶身上。查尔斯对跳蚤十分痴迷，1914年，英国《每日邮报》（*Daily Mail*）曾刊登了一篇文章，里面写道："来自伦敦的查尔斯·罗斯柴尔德先生出价1 000英镑购买了一枚罕见的跳蚤种类标本，这种跳蚤寄生在海獭的皮肤上。"查尔斯对此回应："从来没有在任何跳蚤上花费过如此高价。"在他的跳蚤收藏中，确实有500多种是未被发现的新物种，这为跳蚤物种分类树立了新的标准。

　　查尔斯的妻子是他的堂妹罗斯卡·冯·维泽姆斯特恩（Rozsika von Wertheimstein，1870—1940），两人是在一次中欧和东欧喀尔巴阡山（Carpathian Mountains）进行的蝴蝶远足活动中遇到的，后来在英国北安普敦郡育有4个儿女。米里亚姆·路易莎·罗斯柴尔德（Miriam Louisa Rothschild）是他们的大女儿，她从很小的时候就对博物学表现出了兴趣，这倒也正常，毕竟她父亲是自然保护方面的领头人。我在英国剑桥郡威肯沼泽收集过苍蝇，在查尔斯的推动下，那里成了英国第一个自然保护区，目前由英国国民信托❶接管。不仅如此，查尔斯对英国乡村也十分关注，1912年他在伦敦自然历史博物馆组织了一次特别会议，建立了自然保护促进会（SPNR），并在1916年获得了乔治五世颁发的皇家特许状。这个协会的另外一个名字你可能更加熟悉——英国皇家野生动物基金会，

---

❶ 一个致力于保护历史古迹或自然名胜的英国慈善机构，英文全称是 National Trust for Places of Historic Interest or Natural Beauty。——编者注

简称野生动物基金会，目前管理着全英国2 300个自然保护区。

虽然查尔斯自己曾就读于伦敦哈罗公学，但他认为正式教育会"摧残"年轻人，尤其是活泼女孩的心灵，所以他没让女儿米里亚姆去学校念书，花园便是她的教室，家便是实验室，书本和身边的人物、环境便是她的老师。米里亚姆从未接受过正式教育，但她获得了8个荣誉博士学位，并成为跳蚤相关研究领域的权威。

1995年，她罕见地接受BBC采访时曾说："跳蚤非常可爱不是吗？我知道不是所有人都喜欢跳蚤，但我喜欢。它们可以连续跳跃30 000下，真的很厉害。"从她的语气中你就能听出她对跳蚤有多喜爱。她发表过300多篇科学论文，是英国国民信托首位女性委员，同时还是英国自然历史博物馆的首位女性托管人。米里亚姆和哥哥一起成为英国皇家学会会员，迄今为止，他们是唯一获此殊荣的兄妹，无愧于该领域的先驱。

英国自然历史博物馆前昆虫部主管理查德·莱恩博士（Dr Richard Lane）还深刻地记得与米里亚姆见面时的场景，以及她是如何一路研究父亲的跳蚤收藏，撰写详细目录，最后成为业内专家的。莱恩强调这份目录不仅仅是名称清单，还是一份与跳蚤相关的生物学、历史、地理分布等多种信息的汇编。据莱恩回忆，米里亚姆以前经常去博物馆，穿着一双月球靴，一身飘逸的长裙，在圣诞节还会为朋友和同事，包括莱恩博士送来野鸡。

还记得米里亚姆父亲用来装收藏品的精美盒子吗？旁边放着的还有很多米里亚姆自己的作品，有的标着卵细胞，有的标着幼虫，有的标着蛹，有些与她做的关于跳蚤生命周期的研究有关，有

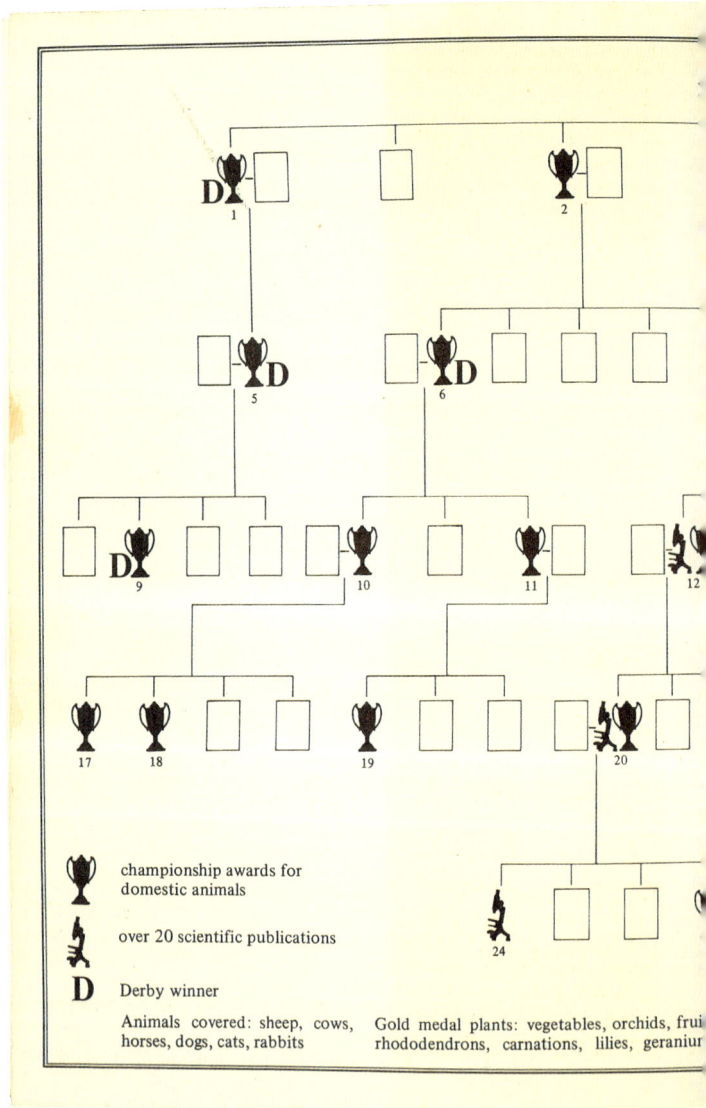

championship awards for
domestic animals

over 20 scientific publications

D Derby winner

Animals covered: sheep, cows,   Gold medal plants: vegetables, orchids, frui
horses, dogs, cats, rabbits   rhododendrons, carnations, lilies, geraniur

米里亚姆在她的著作《亲爱的罗斯柴尔德勋爵》中描绘了家族史，
其中包括在体育和科学方面取得的成就

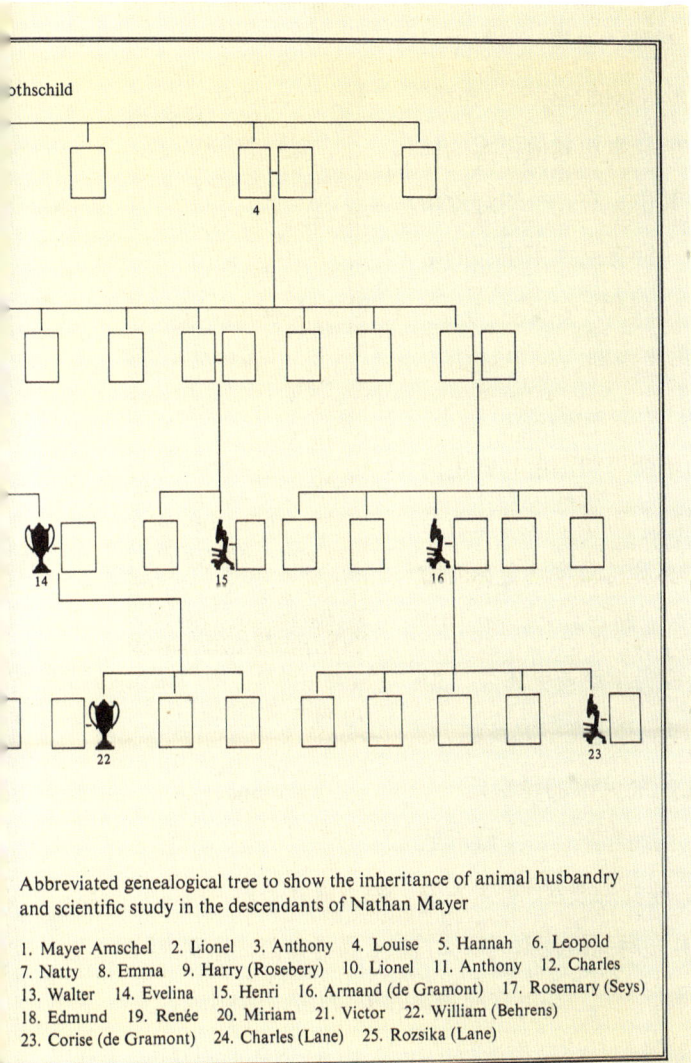

Abbreviated genealogical tree to show the inheritance of animal husbandry and scientific study in the descendants of Nathan Mayer

1. Mayer Amschel   2. Lionel   3. Anthony   4. Louise   5. Hannah   6. Leopold
7. Natty   8. Emma   9. Harry (Rosebery)   10. Lionel   11. Anthony   12. Charles
13. Walter   14. Evelina   15. Henri   16. Armand (de Gramont)   17. Rosemary (Seys)
18. Edmund   19. Renée   20. Miriam   21. Victor   22. William (Behrens)
23. Corise (de Gramont)   24. Charles (Lane)   25. Rozsika (Lane)

些与她的研究关系不大。有一个标签写
着"杂七杂八"，确实，总有一些标本是
不好归类的。我最喜欢的是标着"怪兽"
的盒子，里面放的标本比其他标本的体
积都要大一些。其中，有一个幻灯片中
放了一个标注为"拥有巨大生殖器的跳
蚤"，标签上写了"怪物"二字。

　　20世纪60年代中期，米里亚姆发
现兔蚤（*Spilopsyllus cuniculi*，戴尔，
Dale，1878）的生命周期是由其寄主的
性激素周期控制的（刊登于《自然》杂
志）。这种跳蚤是致死性传染病兔黏液瘤
病毒的介体，繁殖周期与兔子分娩同步，
刚出生的小兔会成为小跳蚤的寄主。但
米里亚姆最感兴趣的是兔蚤的弹跳能力。
她观察发现兔蚤是最灵敏的昆虫之一，
她这样描述："它们跳起来，一下就不见

葡萄根瘤蚜客蚤（*Xenopsylla philoxera*，霍普斯金，Hopkins，1949），一种从白齿或沙漠鼩鼱（*Crocidura deserti*，施沃恩，1906）身上采集的跳蚤

了踪影。"跳蚤的腿长一般在3毫米左右，因为腿并不长，所以它
们在起跳时需要在短时间内发力。那么这些小跳蚤是怎么做到弹跳
得这么高的呢？米里亚姆在胡克先前观察的基础上进一步研究，凭
借她的执着，对跳蚤的身体结构进行了一次又一次的解剖和分析，
最终绘制出了跳蚤关节部位与身体组织的详细图解。

　　之后在1986年，她与约瑟夫·施莱因（Yosef Schlein）教授和

伊藤川进（Ito Shosumo）教授共同出版了《以跳蚤为模型的昆虫组织彩色图集》（*A Colour Atlas of Insect Tissues via the Flea*）。这本书不仅书名让人眼前一亮，封面还大胆采用了跳蚤阴道图片，内容是跳蚤的各个身体部位，包括腿部肌肉。但米里亚姆认为跳蚤在跳跃时不仅靠腿部肌肉，如此迅速而有力的跳跃，仅仅依靠一次肌肉收缩是很难实现的。首先，肌肉收缩的速度满足不了跳跃需求；其次，在较低的温度下肌肉反应会变慢，但跳蚤似乎不怎么怕冷，即便在冰点温度下，跳蚤的跳跃能力也几乎不受影响。

　　一般说来，昆虫身上最强壮的肌肉是用于打斗的，而跳蚤则把这些肌肉用在了跳跃上，这些肌肉集中在胸部。米里亚姆·罗斯柴尔德和约瑟夫·施莱因在1975年发表了一篇论文，利用两张线性图对鼠疫的主要媒介之一东方鼠蚤（*Xenopsylla cheopis*，罗斯柴尔德，1903）的跳跃机制进行了解释。第一张图是后胸（胸腔最后一节）和后足基节（腿部与胸腔连接部位）旁矢状切面；第二张图是后胸（中间部位）和后足基节的横切面，能看到肌腱和肌肉组织。论文中不仅对基节进行了描述，还提到了腿部下方的气囊。作者认为"当昆虫在空中时"，这些气囊提供了浮力。这些昆虫简直将身体利用到了极致！

　　从这些图片可以看出跳蚤的肌肉非常强大，还能看到在外骨骼内部有一个高度进化的部位，叫作胸膜弓，这里面存在一种橡胶状的物质叫作节肢弹性蛋白，弹跳所需能量与这种物质息息相关。来自英国林肯大学的昆虫生物力学专家格雷格·萨顿（Greg Sutton）博士认为，正是节肢弹性蛋白的瞬间能量释放为跳蚤提供了强大的

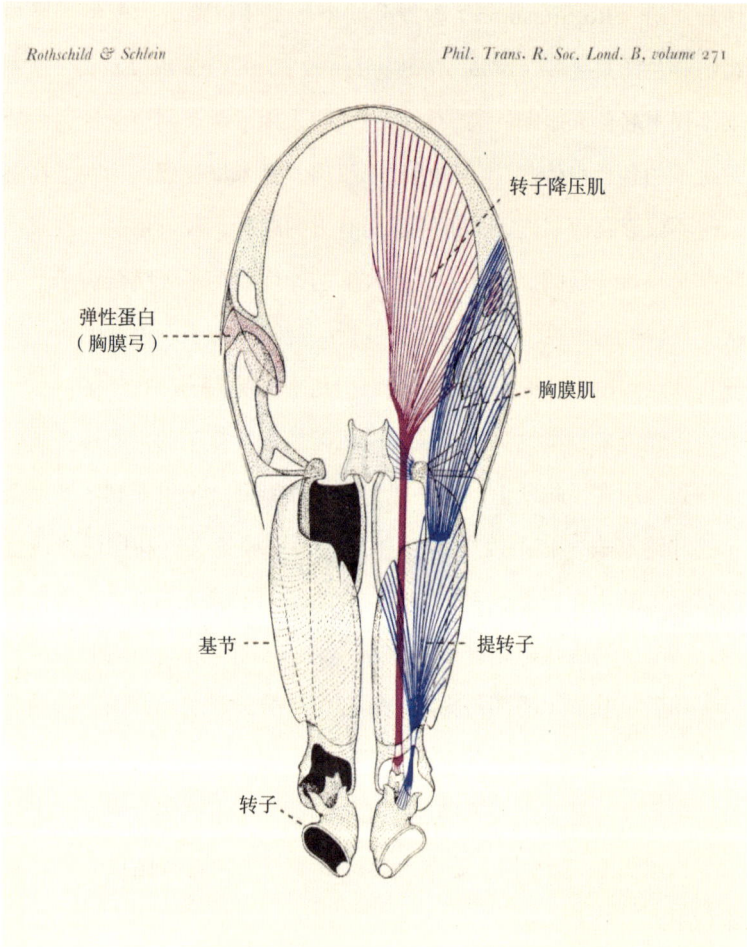

Rothschild & Schlein

Phil. Trans. R. Soc. Lond. B, volume 271

东方鼠蚤的切片，可以看见主要的跳跃肌肉。转子（第二腿节）的弹性蛋白和转子降压肌呈红色。提转子、胸膜肌和胸膜尾肌呈蓝色

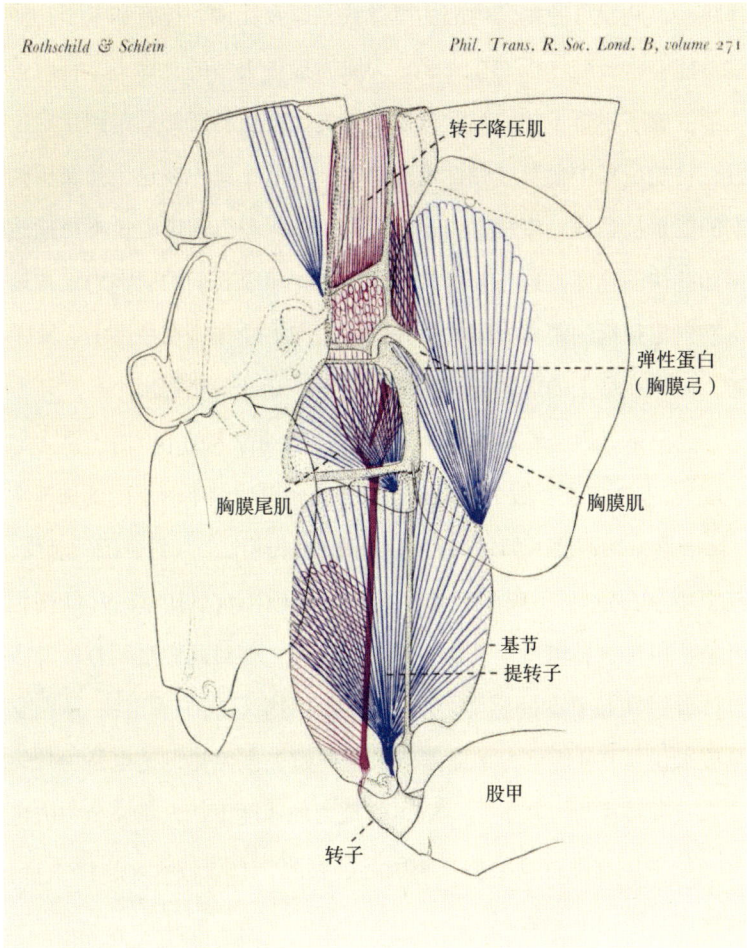

Rothschild & Schlein   Phil. Trans. R. Soc. Lond. B, volume 271

转子降压肌

弹性蛋白
（胸膜弓）

胸膜尾肌

胸膜肌

基节
提转子

股甲

转子

东方鼠蚤的切片（横切面）

弹跳力。胸膜弓旁则是内部加厚脊线，以及挂钩、挂钉和卡子，使跳蚤能够将胸腔体板夹在一起，为肌肉提供更多的支撑力，将跳蚤腿部变成了不折不扣的跳跃机器。首先，跳蚤将腿部固定到指定位置，将能量集中在节肢弹性蛋白垫上。随后，集中在这个弹簧机构上的能量被释放，将腿部快速弹射开。如果单靠肌肉力量不可能达到如此快的速度，这与射箭的原理很像，单靠我们的肌肉力量很难将箭射出很远的距离。但如果我们将肌肉力量作用在拉弓上，放手时，储存在弓上的能量瞬间转移到箭上，让箭快速射出。

　　经测量，跳蚤在跳跃时的加速度会达到惊人的140倍于重力加速度❶，即140克。做个直观对比，人在坐着或躺下时承受的加速度为1倍重力加速度，如果上升到4倍重力加速度，人就会感到难受，甚至有生命危险。美国有线电视新闻网（CNN）首席医疗新闻记者桑贾伊·古普塔博士（Dr Sanjay Gupta）曾对此做过调查，并亲自体验过在超重下的感受。他在自己的网络日志中写道："从医学角度来说，在4倍重力加速度下人会开始失去色觉，这也是为什么这个过程被称为'灰蒙'，在4.5倍重力加速度下，人将完全失去色觉，如果加速度持续增加，将引起肺萎陷，食道伸长，胃部下垂，血液大量集中至腿部。"

　　宇航员所承受的重力达到3倍重力加速度，而战斗机飞行员有时需要承受9倍重力加速度。对于软体动物来讲，当所承受的重力加速度超过16倍时可能导致死亡。一般来说，体积越小的生

---

❶ 重力加速度是一个物理量，通常用"g"表示，指物体在重力作用下产生的加速度，大小约为9.8m/s²。在地球表面，不同地区的重力加速度会略有差异。——编者注

物，所能承受的重力加速度越大。据研究，有一种叫作杜氏高生熊虫（*Hypsibius dujardini*，杜瓦耶尔，Doyère，1840）的缓步类动物能够承受 16 000 倍重力加速度。回到跳蚤，根据米里亚姆的研究数据，其加速度为太空火箭返回地球大气层时的 20 倍。

节肢弹性蛋白是由丹麦动物学家托克尔·韦斯福格（Torkel Weis-Fogh，1922—1975）在蚱蜢的翅膀铰合部中发现的，托克尔·韦斯福格最著名的是他在昆虫飞行方面的研究。20 世纪 50 年代末，韦斯福格在某次研讨会中将他对节肢弹性蛋白方面的新发现公之于众，英国牛津大学荣誉教授、动物学家亨利·班纳特克拉克（Henry Bennet-Clark）回想起当时参加研讨会时的场景仍然难掩内心兴奋，后来班纳特克拉克自己也在跳蚤研究方面做出了杰出贡献。在英国剑桥大学做研究时，韦斯福格在昆虫角质层，也就是昆虫外骨骼外层主要成分中发现了这种橡胶质感的蛋白质。他发现，节肢弹性蛋白能够承受在数周内连续上亿次伸缩而不变形，每次伸缩后都能迅速弹回到原形。

班纳特克拉克将节肢弹性蛋白形容为"对抗肌肉的弹簧"，并在 1967 年与他人合作撰写了一篇论文，详细描述了弹性蛋白以及它如何为跳蚤跳跃所用的高速弹射器提供动力。最近，生物力学家萨顿将这种弹簧描述为一种混合三明治，由昆虫操纵的节肢弹性蛋白和一种叫作几丁质的糖类组成，几丁质非常坚韧，我猜这是一种非常古老的三明治。几丁质其实是一种氨基多糖聚合物，它在地球上的含量仅次于植物和藻类细胞壁中的纤维素。虽然几丁质的结构与纤维素相似，但它的形态和功能更像我们非常熟悉的角蛋白，头发、指甲、爪子和蹄脚都属于角蛋白。节肢弹性蛋白具有很高的柔韧性和变形能力。这种几丁质和节肢弹性蛋白组成的三明治分层结构，类似于几百年前弓箭手用角和木头制成的复合弓，弓和节肢弹性蛋白都能储存巨大的能量。蛋白质和糖之间的这种构造能使弹簧压缩并长时间保持这个状态，从而将几乎100%的能量反冲出去。这可能是我们所知的自然界中最有弹性的物质，它所具有的独特性质引起了除昆虫学家以外的科学家广泛关注。

克里斯季·基克（Kristi Kiick）是美国特拉华大学生物医学工程学教授，在过去15年左右的时间里，她和她的研究小组长期致力于尝试将节肢弹性蛋白应用于不同的生物医学领域。受节肢弹性蛋白的启发，基克实验室一直在合成人工橡胶蛋白。他们的目标是模拟弹性蛋白的拉伸和恢复能力，从而使通常承受高频率重复拉伸的人体受损部位再生，比如喉咙中的声带。

基克实验室团队一直在进行类节肢弹性蛋白多肽（RLP）的工程化研究，这些多肽具有原生节肢弹性蛋白的所有特性。他们还研发出了RLP基水凝胶，这种水凝胶可以形成明确形状，还具有良好的细胞黏附性。这类物理水凝胶在生物医学应用中正变得越来越重要，因为它们不仅与人体兼容且无毒，更重要的是具有可逆弹性。在一般层面上，基克和她的团队是在研究如何改变弹性程度，使其与体内受损组织完全匹配，然后将合成的树脂蛋白水凝胶注射到需要的地方。更具体地说，他们发现了心血管组织工程的潜在材料，难道是未来的混合心脏瓣膜？但愿如此。

每次看到由于昆虫学家的好奇心而发现了一种全新材料，我就很欣喜。米里亚姆已经回答了关于跳蚤跳跃的问题，但另一个问题仍然没有答案——既然跳蚤在跳跃时腿部总是呈一定的角度，那么它们是如何发力的呢？弹簧的力是如何通过腿传递到地面的呢？弄清跳蚤如何利用这种"爆炸性"能量是了解跳蚤如何控制跳跃速度和方向的关键——这个问题困扰了跳蚤狂热者数十年。

20世纪70年代初，出现了两种对立的假说。罗斯柴尔德认为，跳蚤是利用一种叫作"转节"的膝状关节来跳跃的。班纳特克拉克则认为跳蚤是通过腿末端的脚状部分"跗节"弹射出去的。埃德沃德·詹姆斯·迈布里奇（Eadweard James Muybridge，1830—1904）是一位因古怪而著称的风景和运动摄影师，他擅长如何将时间定格在照片上，并重新赋予这些图像生命，用于科学分析和娱乐。罗斯柴尔德和班纳特克拉克的研究均借用了这项摄影技术。埃德沃德·詹姆斯·迈布里奇，原名爱德华·迈布里奇（Edward Muggeridge），出生于英国泰晤士河畔的金斯顿，之后移民美国。他的一生充满戏剧性。迈布里奇游历了中美洲许多地方，在一次马车车祸中头部受重伤，最后谋杀了妻子的情人并逃之夭夭。

迈布里奇的瞬时摄影技术使运动变得清晰可见，从19世纪70年代末开始，他拍摄了数以千计的研究人类和动物运动的图像。据传，因为他在加利福尼亚的一次2.5万美元的赌注而一举成名。他用胶片捕捉马匹的运动轨迹，以判断马匹在全速奔跑时是否所有腿都离开了地面。同时下注的人还有美国斯坦福大学的创始人利兰·斯坦福（Leland Stanford），他还拥有一匹冠军赛马，并痴迷于培育速度更快的赛马。据说，斯坦福曾与《旧金山纪事报》（*San*

Francisco Chronicle）打赌，为此他委托迈布里奇带着一排摄像机和绊线，在帕洛阿尔托的农场里捕捉一匹马的瞬间动作。这匹马在奔跑过程中确实将四条腿都抬离了地面。不过，并不是人们想象中的前后伸展的姿势，而是四只脚都收在下面。

罗斯柴尔德和班纳特克拉克开始以同样的方式进行摄影，但捕捉的是小得多的动物跳跃。要在1毫秒的时间内拍摄出清晰的影像可不是一件容易的事。做个对比，眨眼的时间是100毫秒。他们分别使用了机械式高速摄影机，以超高速运转设备和巨型胶卷，然后祈祷跳蚤能在单卷胶卷所能拍摄的3秒内跳起来。当时，这些高速影片是最先进的技术。跳跃的弹起阶段也许只有胶卷的一两格。1966年，班纳特克拉克与科学电影先驱埃里克·卢西（Eric Lucey）合作，受英国广播公司（BBC）委托，使用最先进的Fastax高速摄影机，以每秒数千帧的速度拍摄跳蚤的跳跃过程。1972年，罗斯柴尔德在她的实验室里建造了一个小金字塔，让跳蚤爬上去后坐在顶部，好让摄影机镜头对准跳蚤身体的细节。如果你曾经试过让一只跳蚤在镜头前听话，按照指定的方向跳跃，你就会知道这有多难。如果你没有试过，那就想象一下这个画面吧。尽管胶卷拍了一卷又一卷，但还是没有找到想要的答案。罗斯柴尔德和班纳特克拉克就起始位置达成了一致。但两人都没有足够的数据来深入研究跳蚤发力时1～2毫秒的时间，因此仍然无法确定跳蚤是利用转节（膝盖）还是跗节（脚）跳跃的。

直到40年后，这个谜题才被解开。2011年，格雷格·萨顿博士和他当时的剑桥大学同事马尔科姆·伯罗斯（Malcolm Burrows）教授发表了一篇关于刺猬跳蚤（*Archaeopsylla erinaceid*，布奇，

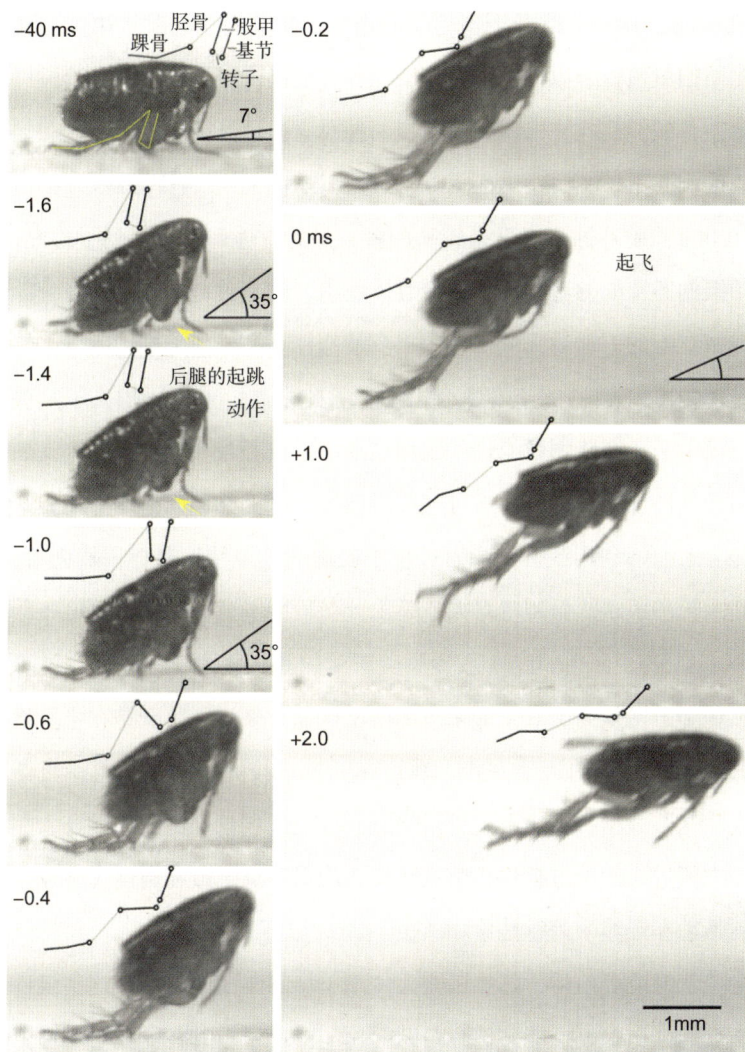

跳吧！起跳吧！这是萨顿博士和巴罗斯教授研究跳蚤跳跃时拍摄的图像，由此判断跳蚤跳跃的力量是通过膝盖状转子还是跗骨（脚）发力

Bouché，1835）跳跃生物力学的论文，实验所用的跳蚤由英国艾尔斯伯里圣提吉温克尔斯野生动物基金会提供。研究分两个阶段进行。首先，建立一个模型来模拟两种对立假说可能产生的速度和加速度；然后，对跳蚤的跳跃过程进行高速摄影。当时每秒可拍摄10 000帧胶片的相机已是较高配置。最后，他们终于得到了答案，拍摄的照片能够看到跳蚤在弹跳过程中，脚是着地的。跳蚤将胸部弹簧产生的力通过腿节传递，腿节就像杠杆一样向下推动跗节，将身体以1.9米/秒的速度弹射出去。除此之外，他们还拍摄了一些扫描电子显微镜图像，这些图像显示了跳蚤胫骨和跗骨上的刺是如何帮助增加表面积的，通过这些表面积，可以向地面施加推动力。

工程师利用跳蚤在弹射过程中展现的机械特性进行科技创新，新一代的跳跃式微型机器人就是由此获得的灵感。莎拉·贝格布赖特（Sarah Bergbreiter）教授是美国卡内基梅隆大学的电气与计算工程师，她认为，对于毫米级的微型机器人来说，跳跃是在不平坦表面上最有效的运动方式，她正在开发米粒大小的自主跳跃机器人。这些微型机器人不仅价格便宜而且应用场景广泛，比如在人类不方便进入的地方提供传感或监控，隐形跟踪，或在自然灾害发生后帮助在废墟中进行搜索和救援。

就像跳蚤一样，仿生机器人使用了精确匹配的组件，这些组件相互配合以提高性能，储存跳跃时所需的能量，并在需要时迅速释放。这并非易事。贝格布赖特的团队首先在大型机器人上进行了材料试验，然后在小型机器人上进行尝试，使用了与制造集成电路相同的硬硅材料和一种类似树脂橡胶的硅胶材料。从本质上讲，他们创造了一个弹簧驱动系统，其运动分为多个阶段。马达等制动器相当于肌肉，将能量储存在软橡胶弹簧中，然后由接触式闩锁固定。当插销被拔出时，这种能量会迅速释放出来。他们能够让一个只有几毫米宽的微型机器人跳起超过30厘米！现在，他们正寻求改进对这些原型的控制，例如，改变闩锁释放的速度，从而控制机器人的跳跃距离。如果闩锁电机的速度足够快、强度足够大，机器人就能完成从零到最大跳跃高度或由弹簧中储存的能量所能达到的距离。这是刚柔并济的结果，就像跳蚤的身体一样。

尽管如此，关于这些小跳蚤，还有很多我们没有揭开的秘密。还没有人知道跳蚤是如何将弹簧锁紧然后松开的。也没有人知道跳蚤是如何几乎同时弹出两条后腿的。如果无法做到如此精准，那么跳蚤就会跳歪。因此，关于跳蚤还有很多未解之谜等待我们解开。

跳蚤经过几千年的进化，其身体形状和机能非常适合在宿主身上生活。宿主越大、越活跃，跳蚤的跳跃能力就越强。虽然有很多人视其为害虫，但随着我们了解的越来越多，我们从跳蚤身上也可以获得很多灵感。这再次证明，在很多方面昆虫是人类学习的对象。

树枝跳跃者——贝格布赖特研发的仿生机器人之一

蜂鸟鹰蛾（林奈，1758）

奇妙的共生启示

在我身边的栏杆上，
天蛾像跑道上的喷气式飞机一样加速起飞，
可以看到它棕色的身体在震动，
红黑相间的翅膀在颤抖。

——安妮·迪拉德

伦敦自然历史博物馆收藏了许多鳞翅目昆虫，蝴蝶和天蛾均属于这个目。这里所说的许多是真的很多，博物馆里共有1 300多万只鳞翅目昆虫，分布在四个楼层。如果考虑到有些昆虫体型之小，这个数字更显惊人。从名字就可以看出，微型天蛾的体型极小，其中较小的物种之一是墨西哥的雅玛微蛾（斯托尼斯等，2013），其翼展只有2.8毫米。昆虫纲的物种非常丰富，共有126科超过180 000种，其中许多物种比微型天蛾大得多，发现这么多物种在很大程度上要归功于20世纪昆虫学家们的好奇心，他们被昆虫的漂亮且特别的花纹所吸引。但这些动物给我们带来的惊叹远不止于此。接下来，我们要研究的是一种鳞翅目昆虫——天蛾。

我个人认为，这些天蛾看起来像小型隐形轰炸机，或者像20

世纪美国作家安妮·迪拉德（Annie Dillard）笔下形容的喷气式飞机。但我的同事，天蛾专家伊恩·基钦（Ian Kitching）博士称它们为昆虫界的"跑车"，因为它们是所有蛾类中最时尚、最迷人的一类。基钦对这些天蛾在体型和独特翼型之间的进化特征进行了研究。他对天蛾的研究已有35年之久，包括47个物种和亚种，并根据自己的收藏和实地考察撰写了两份完整的天蛾名录，可以说，他对天蛾了如指掌。

他喃喃自语道："看着这些小动物盘旋在诱人的花朵蜜腺上，真是一件美妙的事情""它们将细长的线状口器伸入花朵汲取花蜜，快速吸完后飞到下一朵。"我们该如何研究这些神奇的物种呢？当我在热带地区实地考察时，晚上我会挂起一条收集床单，其实就是一条普通的床单，开着灯，然后倒一杯酒，等它们飞来。捕捉天蛾其实很容易，因为它们大多数都是夜行性的，只要有光源和床单就能抓住它们。

全球共有1 700多种天蛾，它们不仅飞行速度快，而且十分灵活。天蛾还可以在空中盘旋，这时候最容易被人发现，即使人们看到它们时一开始不知道这是什么。蜂鸟鹰蛾（*Macroglossum stellatarum*，林奈，1758）与北美蜂鸟蛾不是一个种类，蜂鸟鹰蛾是一种分布在欧洲和亚洲的物种，没错，它们确实是以蜂鸟命名的。与鸟类一样，蜂鸟鹰蛾也会在植物附近盘旋，将长长的口器探入长管状花朵的颈部，以获取花蜜。植物通过花蜜诱导动物将花粉从一株植物的雄蕊转移到另一株植物的柱头上，以此来完成授粉。

许多花都以这种方式引诱动物，其中兰花与这些夜行天蛾之间

亚历山德罗·吉斯蒂（Alessandro Guisti）在婆罗洲用灯光诱捕天蛾

悬停在空中的蜂鸟鹰蛾伸着长长的口器

的联系格外紧密。兰花，即兰科植物，与鳞翅目昆虫一样，是自然历史爱好者最热衷的植物。兰花共有大约26 000种，分布在除南极洲以外的各大洲，占迄今为止已知维管植物种类的8%。维管植物是一类具有特殊组织可以进行水分和养分输送的植物，是世界上种类最多的一种植物。

兰花一直以来都深受人们喜爱。中国哲学家与教育家孔子（公元前551—前479）曾写诗赞美兰花美妙的气味，还有许多人被其独特形态所吸引。兰花的形态确实很奇特，不信的话可以去看看裸男兰（*Orchis italica Poiret*，1799）或天使兰（*Coelogyne cristata*，1824），就会明白为什么20世纪的人们会将兰花与诱惑紧密联系在一起。在西半球，最古老的兰花记载出自亚里士多德的学生西奥弗拉斯图斯（Theophrastus，约公元前371—前287）之手，他被许多人视为植物学之父。在他的《植物考察》（*Enquiry into Plants*）一书中包含了许多与兰花相关的独特观点和神话故事。

大家所熟知的英国博物学家查尔斯·达尔文（Charles Darwin，1809—1882）也对兰花情有独钟。他就像飞蛾扑火一样，被这些花朵所吸引。以前，在大众眼中达尔文并不是一位植物学家，但在1862年，也就是在发表轰动一时的《物种起源》（*On The Origin of Species*）几年后，他出版了一本关于兰花的专业性著作。英国萨塞克斯大学科学史学家吉姆·伊德斯拜（Jim Endersby）教授是2016年出版的《兰花：文化史》（*Orchid: A Cultural History*）一书的作者，他认为达尔文之所以对兰花感兴趣，可能是因为他居住的肯特郡唐豪斯种植着大量本土兰花。就像格雷戈尔·孟德尔（Gregor

Mendel）和他的豌豆、罗伯特·胡克和他的跳蚤一样，达尔文也会从周围的环境中汲取灵感。达尔文在观察周围环境的过程中，同时也在了解自然世界，特别是动物进化方面。

达尔文因其关于自然选择进化论的著作而开启了"现代"生物学的先河。在这一过程中，生物基因组突变发生的微小变化有时会导致生物的表型即体貌发生变化，从而发现新的生存模式，或者用科学术语来说，就是更合适的交配对象。当然，在达尔文所处的时代，没有人理解这种遗传机制，因此，他能够正确地理解进化论的许多观点，这是非常不容易的。达尔文一直在寻找新颖的例子，以证明他的理论不仅仅是一个理论。于是他开始研究兰花，尤其是兰花与天蛾的关系。

尽管书名冗长，但在《兰花的昆虫授粉方式》❶一书中达尔文介绍了许多与兰花相关的精妙而有趣的研究。书中充满了近乎孩童般的奇思妙想，他鼓励读者把自己想象成兰花的角色，以便更好地理解授粉方式，从非人类的角度观察世界。即使在今天，我们用达尔文那充满趣味的方法来观察天蛾的授粉方式时，也会不断对花与天蛾之间的行为发出惊叹。自然历史博物馆的基钦博士经常说，要讲清楚天蛾将它长得离谱的口器插入醉鱼草属植物蜜腺的过程非常困难。尽管天蛾的口器像鬃毛一样细长，但却可以在同一株植物上反复精准地击中目标。基钦自己也曾做过类似试验，但均失败了。

达尔文所写的兰花书籍取得了不小的成功，他试图通过展示进

---

❶ 原书名为 *Various Contrivances by which British and Foreign Orchids are Fertilized by Insects, and the Good Effects of Intercrossing*。

化的过程来说服怀疑者，他认为飞蛾的口器能够如此精确地适应兰花，说明它们是共同进化的结果。早在1859年发表《物种起源》时，就有许多人怀疑达尔文对生物界许多适应性的解释。对我和我的许多同事来说，有趣的是，自然历史博物馆的创始人理查德·欧文（Richard Owen）爵士是最坚定的反对者之一。欧文本人是著名的比较解剖学家，他公开蔑视达尔文，而达尔文则回应："我曾经为如此厌恶他而感到羞愧，但我现在十分珍惜他人对我的反对和蔑视，直到我离开这个世界。"遗憾的是，欧文那时候的影响力巨大。直到20世纪初，孟德尔发布豌豆的研究成果后，我们才开始了解基因的基本概念及其在遗传中的作用，此时达尔文的理论才逐

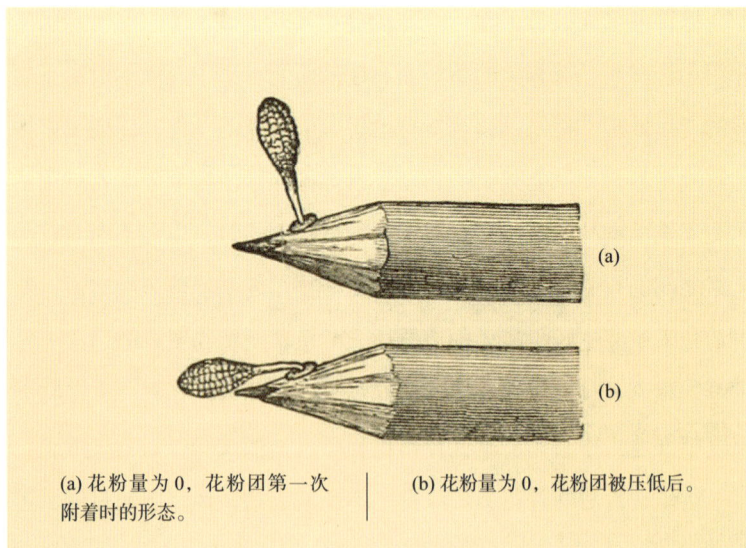

(a) 花粉量为0，花粉团第一次附着时的形态。

(b) 花粉量为0，花粉团被压低后。

黏在铅笔上的早春雄紫兰花粉囊，只需30秒，花粉囊就能脱水到竖直位置，为柱头受粉做好准备

渐被人们接受。

翻开达尔文的《兰花的昆虫授粉方式》一书，你会发现书中各个章节都介绍了许多不同种类的兰花。他写到，鳔唇兰属是"最显著的兰花"，因为当昆虫寻觅食物飞到植物上时，会触发一个机关，植物会将花粉块落到昆虫的背上。撞击力加上底部黏液可确保花粉块黏牢。达尔文痴迷于研究这些植物及昆虫运输花粉的方式，他认为"兰花受精的方式多种多样，完美体现了动物为了适应所处环境而发生进化"。

兰花在进化过程中产生了许多非同寻常的形态变化，以确保能吸引合适的传粉者。达尔文经过观察发现，在许多情况下，特定的昆虫似乎专门为特定的兰花传粉，而许多兰花又只能由特定的昆虫授粉，两者一一对应。以鳔唇兰为例，其传粉由兰化蜂完成。这种合作关系似乎是一种冒险，相当于把所有的鸡蛋都放在一个篮子里，但至少在短期内，可确保昆虫之间不会争夺花蜜，并加大了昆虫把花粉传给同种植物的概率。因此，兰花不会把花粉浪费在不相容的植物上，从而大大提高了繁殖效率。

1862 年 1 月，达尔文意外收到了英国兰花收藏家詹姆斯·贝特曼（James Bateman，1811—1897）寄来的一封信和包裹，这让他对昆虫与花卉之间的关系产生了更加浓厚的兴趣。贝特曼出生于兰开夏郡，毕业于牛津大学，父亲是富有的工业家，经营蒸汽机、煤炭和钢铁生意。贝特曼还是一位有钱的地主和园艺家，毕生热衷于珍稀兰花，贝特曼因其令人难以置信的"兰花狂热"纪念碑而出名，这股风潮在 19 世纪席卷欧洲，他创作了有史以来最昂贵、最浮夸的兰花书籍。书中介绍了墨西哥和危地马拉的兰花，甚至在书里自我描述为"图书管理员的噩梦"。著名漫画家乔治·克鲁克申克（George Cruikshank）创作了一幅诙谐的小插图，一群工人手持滑轮，费劲地将这本沉重的大书竖起来以便阅读。

　　贝特曼多次资助探险队寻找兰花并将它们运回英国，他不仅研究兰花，还将兰花分享给其他感兴趣的人。在寄给达尔文的包裹里是来自马达加斯加的兰花标本，其中有几种达尔文称为"令人震惊"的彗星兰，它们的蜜腺特别长，形似一根鞭子。那会儿的兰花十分稀有，每株兰花按现在的价格计算都超过1万英镑❶。这些标本是长距彗星兰，其别名之一就是达尔文兰，虽然该物种由法国

"图书管理员的噩梦"。乔治·克鲁克克申克为詹姆斯·贝特曼《墨西哥和危地马拉兰花图谱》绘制的漫画

---

❶ 约合人民币9.3万元（按2024年9月汇率计）。

一位名字和花刺一样长的植物学家，路易·玛丽·奥贝特·杜比特·图亚斯（Louis Marie Aubert du Petit-Thouars）于1798年在马达加斯加首次发现，但直到1822年才被公之于众。

贝特曼给达尔文寄去了三四件珍贵的标本，这个举动表明了他对达尔文的敬重之情。达尔文似乎对这份礼物非常满意，并于当月写信给他的朋友，就是当时的皇家植物园助理园长约瑟夫·道尔顿·胡克（Dalton Hooker，1817—1911）："贝特曼刚刚给我寄来了很多兰花，其中有大彗星风兰：你知道它的蜜腺很奇妙吗？约29厘米长，只有末端才有蜜汁。吮吸它的长喙天蛾一定很厉害！非常有意思。"这个花名的科学含义是"测量长度一英尺半"，即便不是指花的实际大小，也可由此看出首次发现这种花时命名人的兴奋感。

在收到贝特曼的慷慨馈赠几个月后，达尔文相信这将有助于支持他的自然选择理论，因为他似乎解开了一个谜题，即这些长颈花的授粉方式。他表示："一定有天蛾的长鼻能伸展到25～30厘米长。"如果你认为天蛾的口器是随机变化的，而这种兰花的蜜腺深度也是随机变化的，那么达尔文的进化论点就是，口器较长的天蛾在从较深蜜腺中获取花蜜并将花粉传播给其他同种植物方面具有更优的适应性，因为这些天蛾是唯一能够获取花蜜的昆虫。这样一来，花粉就不会浪费在其他不能授粉的花种上，而天蛾则可以独享花蜜。通过随机变异和自然选择，经过多代进化，就会逐渐形成一种植物和一种昆虫一一对应的局面。因此，自然选择就像是形成这种适应性的"方式"。

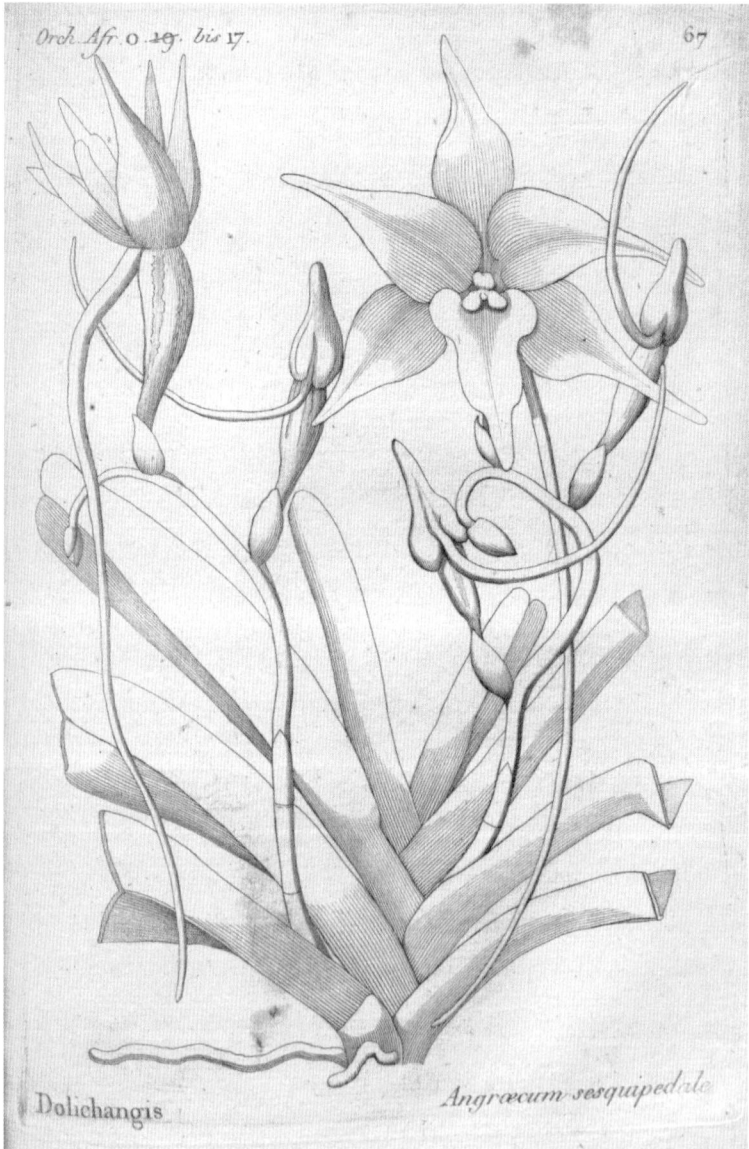

图瓦尔斯（Thouars）绘制的彗星兰（又名达尔文兰花）原图

"看起来彗星兰的蜜腺和某些天蛾的长鼻之间一直存在长度竞争关系，但彗星兰取得了胜利，因为这种花在马达加斯加的森林中生长茂盛，并且天蛾为了吸干花蜜，只能把长喙拼命往里伸。"

达尔文看到这些长颈兰后，作出了两个大胆的猜测。第一个猜测是有一种天蛾尚未被发现，这种天蛾的口器非常长。第二个猜测是长喙蛾和达尔文兰花之间存在着共同进化的关系。许多昆虫学家对此嗤之以鼻，但达尔文非常清楚这个理论的逻辑，并且他发现了许多其他花虫之间的关系，因此他坚信自己是对的。

在达尔文作出天蛾的猜测5年后，英国著名博物学家阿尔弗雷德·拉塞尔·华莱士（Alfred Russel Wallace，1823—1913）进一步证实了他的观点。1867年，华莱士在《科学季刊》（*Quarterly Journal of Science*）上发表了一篇题为《法则创造》（*Creation by Law*）的文章，他在文中不仅支持达尔文的天蛾—兰花假说，还强调非洲天蛾（*Macrosila morgani*，沃克，1856）的长喙几乎足以触及达尔文兰花的底部。

华莱士曾测量过伦敦自然历史博物馆收藏的一只兰花，并写道："因此，蜜腺最深的兰花和喙最长的天蛾在生命之战中会各占优势。"华莱士用贴切的语言描述了这个共同进化的过程，他接着说道："天蛾确实会光顾兰花，把螺旋状躯干伸进蜜腺，通过将一朵花的花粉带到另一朵花的柱头上而使兰花受精。"华莱士推断，植物长度的变化并不是像自然神学家阿盖尔公爵（Duke of Argyll）为了报复《物种起源》而提出的是由宇宙造物主带来的，而是由长期的微小变化导致的适应性变化。华莱士对这一理论非常肯定，他接着说："可以确信马达加斯加一定存在这样一种天蛾，去该岛进行研究的博物学家应该像天文学家寻找海王星一样满怀信心地去寻找它，他们一定会成功！"

达尔文预言41年后，人们发现了一种可能为这种兰花授粉的天蛾并为其命名。遗憾的是，此时达尔文已经去世20年了。

接下来，我们回到在第1章米里亚姆和跳蚤研究中聊到的罗斯柴尔德家族。但现在我们要讲的是她的叔叔莱昂内尔·沃尔特·罗斯柴尔德（Lionel Walter Rothschild，1868—1937）。莱昂内尔·罗斯柴尔德从小身体不好，因此是在家中接受教育的。从那时起，在赫特福德郡特林公园的家中，他萌发了对大自然的热爱。他父母在他出生前两年搬到那里，当时正在进行房屋重建。一位名叫阿尔弗雷德·米纳尔（Miriam Rothschild）的工匠负责处理木结构，他对动物标本的制作颇有研究。有一天，年轻的莱昂内尔观察到了这一点。米里亚姆·罗斯柴尔德在《罗斯柴尔德勋爵：鸟、蝴蝶和历史》（Dear Lord Rothschild: Birds, Butterflies and History）一书中写道："有一次，在托儿所的茶话会上，他站了起来，清晰地说出了一句对于7岁小孩来说很长的句子，'妈妈，爸爸，我要建一座博物馆，让米纳尔先生帮我看管。'"

你猜怎么着，莱昂内尔·罗斯柴尔德做到了。米里亚姆后面在书中写道，罗斯柴尔德"收集了有史以来由单人完成的最全动物收藏品"。从特林阿尔伯特街一个小棚子里开始，他的收藏越来越多，最后包括144只巨龟、30万张鸟皮，此外，还有225万只蝴蝶和天蛾……好吧，这些其实是他从8岁起就开始收集的。1938年，

托马斯·威廉·伍德（Thomas William Wood）根据华莱士对星兰和授粉蛾的描述绘制的插图

即在他去世后一年，这些动物收藏品还有许多标本以及他的书籍和信件被送往大英博物馆，这是大英博物馆当时收到过的最大一份礼物，而那座楼房和他的其他标本现在变成了特林自然历史博物馆的一部分。在这些藏品成为自然历史博物馆的一部分之前，年轻的罗斯柴尔德是南肯辛顿的常客，当时仅有13岁的罗斯柴尔德成功吸引了时任管理员阿尔伯特·冈瑟（Albert Günther，1830—1914）的注意。两人相识后，冈瑟为莱昂内尔提供了自然历史方面的知识，并鼓励他建立自己的博物馆。博物馆、藏品和鳞翅目昆虫成为莱昂内尔一生最大爱好，偶尔也会掺杂奇怪的丑闻。

在短暂的银行家生涯之后，莱昂内尔开始了他的博物学之路，他通过自己的探险和与全球各地的收藏家交易，不断扩充自己的收藏。1903年，他和馆长海因里希·恩斯特·"卡尔"·乔丹（Heinrich Ernst "Karl" Jordan，1861—1959）出版了《鳞翅目天蛾科修订本》（*A Revision of the Lepidopterous Family Sphingidae*）一书。至此，达尔文期待已久的长喙天蛾首次被提及，最初是作为一个亚种——非洲长喙天蛾（*Xanthopan morganii praedicta*，罗斯柴尔德和乔丹，Rothschild and Jordan, 1903）。遗憾的是，我们对它的收藏者以及收藏的确切时间和地点一无所知，我们只知道这些收藏来自马达加斯加。作为一名博物馆研究员，没有什么比数据不全更令人糟心的了，更遗憾的是，许多标本都没有数据，尤其是鳞翅目动物。其中部分原因可能是这些收藏者仅仅是对漂亮的动物更感兴趣，而不是着眼于促进科学研究。

我试图向美国宾夕法尼亚州的卡内基自然历史博物馆咨询更多

信息，因为他们负责保管罗斯柴尔德和乔丹使用过的真实标本。很遗憾，标本的标注含糊不清，没有更多的信息，但它确实验证了达尔文最初的想法。现在，马岛长喙天蛾（*X.morganii Praedicta*）已经从亚种晋升为物种，这要归功于我的同事大卫·利斯（David Lees）博士与乔尔·米内（Joël Minet）教授领导的团队在2021年的发现。利斯表示："我展开并测量了马达加斯加雨林中一只雄性（天蛾）的喙，它很可能是全球纪录保持者。我们现在提出的分类学变革，终于使马达加斯加昆虫中最著名的一种昆虫物种得到了承认。"除了它本身是一个新物种外，这种蛾还被重新命名为华莱士天蛾（*Xanthopan Praedicta*）。

这种天蛾的口器特别长，这一点也不奇怪。蚜虫属于长喙大蚜属（*Stomaphis*，沃克，Walker，1870）半翅目昆虫纲，吸食植物的口器极长，但在这些种类中，它们的下唇非常长，可穿透长度是其体长2倍的花柱，这使它们能够穿透厚厚的树皮！还有在喜马拉雅山附近发现的长喙虻（*Philoliche longirostris*，哈德威克，Hardwicke，1823），据记录，其喙长约为惊人的60毫米。不过，按身体比例来说，口器最长的昆虫是另一种蝇类，即网翅虻科的长喙蝇（*Moegistorhynchus longirostris*，维德曼，Wiedemann，1819）。与华莱士天蛾和其他被称为长舌蝇的昆虫一样，这个物种生活在非洲大陆，不过这次是南非。其喙长可达体长的8倍，有些标本的口器长达83毫米。

有趣的是，关于长喙天蛾、网翅虻或马蝇是否真的存在共同进化，直到最近才得到科学验证。研究人员发现，口器长的个体确

b. *P. morgani praedicta* subsp. nov.

♂♀. Breast and abdomen beneath with an obvious pinkish tint. Upperside of body and forewing, and underside of wings also somewhat pinkish. Black apical line of forewing, extending from costal to distal margin, broader than in the preceding, black discal streak R^3—M^1 also heavier.

Hab. Madagascar.

Type (♂) in coll. Charles Oberthür; a *female* specimen in coll. Mabille.

Wallace, in *Natural Selection*, p. 146 (1891), speaking of the adjustment between the length of the nectary of orchids and that of the proboscis of insects, says: " In the case of *Angraecum sesquipedale* it is necessary that the proboscis should be forced into a particular part of the flower, and this would only be done by a large moth burying its proboscis to the very base, and straining to drain the nectar from the bottom of the long tube, in which it occupies a depth of one or two inches only. . . . I have carefully measured the proboscis of a specimen of *Macrosila cluentius* from South America, in the collection of the British Museum, and find it to be nine inches and a quarter long! One from tropical Africa (*Macrosila morgani*) is seven inches and a half. A species having a proboscis two or three inches longer could reach the nectar in the largest flowers of *Angraecum sesquipedale*, whose nectaries vary in length from ten to fourteen inches. That such a moth exists in Madagascar may be safely predicted, and naturalists who visit that island should search for it with as much confidence as astronomers searched for the planet Neptune,—and I venture to predict they will be equally successful."

As the tongue of *P. morgani praedicta* is long enough—about 225 mm. = 8 inches—to reach the honey in short and medium-sized nectaries of *Angraecum*, the moths will not abandon the flowers with especially long nectary without trying to reach the fluid, which fills up, in hot-house specimens of *Angraecum*, about one-fourth of the nectary. The result would be that flowers with exceptionally long nectaries would be as well fertilised as such with short nectaries by a moth which could reach the fluid in the long nectaries only when a greater quantity of nectar had collected. *X. morgani praedicta* can do for *Angraecum* what is necessary; we do not believe that there exists in Madagascar a moth with a longer tongue than is found in this Sphingid.

非洲长喙天蛾的原始描述（罗斯柴尔德和乔丹，1903），描述中将 *X. morganii praedicta* 误写为 *P. morgani praedicta*

莫干妮·普雷迪克特亚种 十一月

雄性和雌性天蛾的胸部和腹部下面有明显的粉红色。身体的上部、前翅和翅膀的下侧也有粉红色点。前翅的黑色顶线，从肋缘延伸到远缘，比前翅宽，黑色盘状条纹 R^3—M^1 也较重。

马达加斯加

雄性种类在科尔。列查尔斯·奥伯瑟；一个在科尔的雌性标本。马比勒。

华莱士在《物竞天择》（*Natural Selection*）第146页（1891）谈到兰花蜜腺长度与昆虫长喙长度之间的关系时说："从长距彗星兰来看，需要有一只喙插入花的特定部分，而且只有一种大天蛾能把它的喙伸到花的最底部，它们使劲儿从长管底部吸出花蜜，并且只能吸出2.5～5厘米量的花蜜。我仔细地测量了大英博物馆收藏的一个马岛长喙天蛾标本的喙长度，发现它有23.5厘米长！一种来自热带非洲的飞蛾是19厘米长。一个物种的喙长5～7.5厘米就可以达到长距彗星兰最大花的花蜜处，其蜜腺的长度为25.5～35.5厘米不等。可以有把握地预测马达加斯加岛上确实存在这种天蛾，访问该岛的博物学家应该像天文学家搜寻海王星一样，充满信心地去搜寻这种天蛾，我大胆地预测，它们同样也会成功的。

因为马岛长喙天蛾的喙足够长，大约225毫米。天蛾为了吸取花蜜，不会放弃有特别长蜜腺的花朵，在温室安格拉属兰花的标本中，液体填满了大约四分之一的蜜腺。测试结果是，具有特别长蜜腺的花朵也会被天蛾受精，而天蛾只有在收集到大量花蜜时才能接触到长蜜腺中的液体。马岛长喙天蛾可以为安格拉属兰花做必要的事情。我们相信马达加斯加不会有比这种天蛾的喙更长的蛾类了。

卡内基自然历史博物馆收藏的非洲长喙天蛾（*Xanthopan praedicta*）原始模式标本

实繁殖成功率更高，这才是真正的原因，而且喙长确实决定了它们能接触到哪些植物，过去20年来的研究证明了互惠选择的存在。不管这些动物为什么具有如此长的喙，其原因可能不得而知，但它们确实存在，而我们现在开始关注它们是出于另一个原因。我们需要向大自然寻求生物灵感，这种天然吸管用于获取液态食物的弯曲和卷曲结构可以促进微流体和纳米流体工程的发展，例如穿透单细胞提取基因。

　　彼得·阿德勒（Peter Adler）教授在美国南卡罗来纳州克莱姆森大学从事昆虫分类学和生态学研究长达数十年，他对黑蝇（蚋科）等具有重要医学价值的昆虫有着浓厚的兴趣，同时还研究其

非洲长喙天蛾未卷曲的长喙，可直观感受到它惊人的长度

他双翅目和鳞翅目昆虫的取食机制。天蛾天生具有漂亮且有效的吸管，在这方面，大自然可能已经先行一步，但阿德勒和克莱姆森大学教授康斯坦丁·科尔涅夫（Konstantin Kornev）决定将他们的才能和专长结合起来，努力追赶上大自然的步伐。科尔涅夫的研究领域是设计生物启发材料，自2006年加入克莱姆森大学以来，他的实验室一直专注于开发"节肢动物启发的多功能自适应材料和界面"。还有什么比研究这些长管状生物如何觅食更好的课题呢？

液体在吸管上流动有几种方式。首先，如果吸管内部空间非常狭窄，液体就可以通过毛细作用向上、向下或向任何方向移动，无须借助重力等。比如，我们看到的颜料在画笔上移动，或者水从植物的根部流向叶子时，就是这个过程。如果昆虫喙的直径小到足以产生表面张力，那么液体就会无视重力被水平或垂直地吸入，窄管或毛细管也是如此。但随着管子变宽，就需要增加一些力，在这里就是吸力，将液体吸到目的地，于是就有了我们平时所使用的吸管。天蛾的"吸管"由一对C形纤维组成，也就是上颚盔瓣，它在蛹中发育成两个独立的结构，但发育为成虫后（有关蛹发育的更多信息，请参阅第5章），就会在唾液的作用下连接在一起。与其他昆虫一样，包括天蛾在内的所有蛾类头部都有吸泵，可以把液体吸上来，吸泵的数量各不相同，某些种类的马蝇等飞虫可能多达6个吸泵！

但喙实际上不仅仅是一根简单的吸管。鳞翅目昆虫经常从潮湿的土壤或腐烂的果实中吸取水分，或者从表面吸食花蜜，因此它

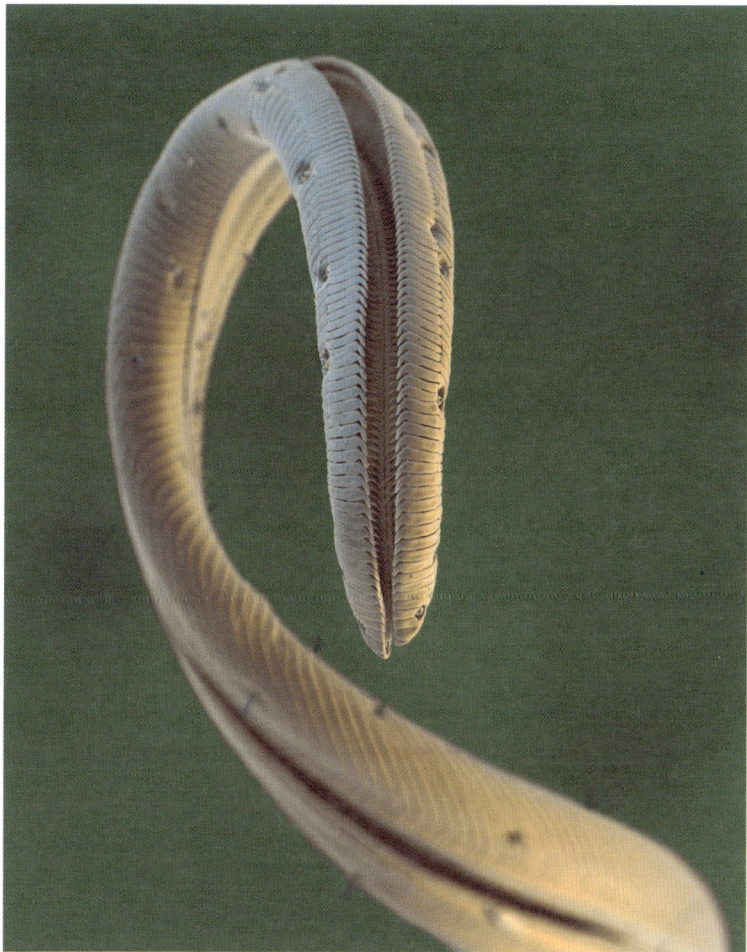

两个上颌连接在一起，构成了吸管的壁，正式的叫法是长喙壁

们必须在吸入液体的同时防止周围杂质进入。它们是如何做到这一点的呢？阿德勒和科尔涅夫发现，天蛾的喙沿长度方向有微小的孔隙，具有类似海绵的组织，可以吸附液体。不仅如此，吸管还需有

自我清洁的功能，这个功能由一系列互吸和互斥的结构组成，阿德勒将其美妙地描述为"山谷和山脊"。如果前者具有疏水性，后者则具有亲水性，那么就可以让液体整体流入探针，然后向上流动，不会留下任何残留物，也不会吸入天蛾不需要的杂质。

阿德勒、科尔涅夫和他们的团队一直在研究长喙，并将其作为一种微型探针的蓝图，这种探针可以像天蛾的长喙一样展开、弯曲，同时吸取少量液体。想象一下，免受污染的法医用微型探针，以及能够逆转未受污染的水流，用于大规模疫苗接种的重复使用的针管。阿德勒和科尔涅夫团队的目标更远大，他们希望探针能够从单个人体细胞中取出液体，而人体细胞的直径是头发直径的1/10。他们的最终目标是开发出纤维流体设备，这个设备的探针可以让医生从细胞中提取出一个有缺陷的基因，并用一个好的基因进行替换。他们所面临的困难主要是体积太小，因此，研究工作并不顺利。

这项工作有很多可能性，但要模仿历经600多万年进化才形成的成果，不可能一蹴而就。直到1992年，也就是达尔文最初作出预测的130年之后，科学家们才终于观察到华莱士天蛾落到彗星兰上，并把这个过程拍摄了下来。照片可以看到一只雄性天蛾携带的小花粉包，科学家使用夜视设备拍摄下了一组照片，虽然这并不是天蛾进食的直接证据，但已经很接近了。之后在2004年，人们拍摄到了授粉的完整过程。能够亲眼看到这一切，对于录制视频的科学家们来说肯定是一件非常高兴的事情。他们目睹了25厘米长的喙在接近花朵狭窄的蜜腺时松开，看到它放慢速度，灵巧地将口器在花朵开口处插入，然后以惊人的精确度吸入花蜜。

彗星兰和天蛾的关系是自然选择理论研究的典型案例，达尔文不仅仅是收集、分类和描述，而且把自然史从一门观察科学变成了一门预测科学。在出版第二版兰花书籍时，达尔文写到昆虫学家嘲笑他，因为他认为世界上真的存在喙这么长的天蛾。但他坚持自己的观点，坚信没有任何其他东西可以解释所观察到的现象，最终证明他是对的，达尔文为我们所有人都上了一课。

这是最棒的混合磁带。一个装有多个黑腹果蝇的盒子，即将被送往太空

遗传学明星

我难道不是像你一样是只苍蝇吗？

或者，你难道不是和我一样是人吗？

——《苍蝇》威廉·布莱克

英国诗人威廉·布莱克（William Blake）在200多年前创作的作品《苍蝇》（*The Fly*）中揭示了一个真理。人类和苍蝇非常相像，但我们不得不再等上100年才会意识到这一点，并对这个事实加以利用。你可能认为自己与苍蝇并没有多像，毕竟苍蝇有翅膀、六条腿和奇怪的眼睛，这还只是身体上的一些不同之处。但母亲经常会告诉我们，内在的东西才是最重要的。我们与苍蝇的相似是基因上的相似，人类75%的致病基因与不起眼的黑腹果蝇（*Drosophila melanogaster*，迈根，Meigen，1830）完全一致。果蝇是地球上比较重要、被研究较多的物种之一。尽管如此，如果任由这些果蝇自生自灭，它们成年后的生活也不过是围着一堆腐烂的苹果转悠，大吃大喝，并沉迷于"一夜情"。但我们与果蝇的命运在

20世纪初发生了改变。

关于果蝇这一物种以及我们对果蝇的研究已经有很多论述。斯蒂芬妮·莫尔（Stephanie Mohr）是哈佛大学医学院的遗传学家，她一生大部分时间都在研究果蝇，并于2018年出版了《首创：果蝇研究和生物发现》（*First in Fly: Drosophila Research and Biological Discovery*）一书。在她的实验室里，就像全球各地的果蝇实验室一样，放有无数盘果蝇用于遗传研究。她欣然承认，虽然果蝇的外表与人类完全不同，但与我们的整体身体结构是一样的，我们拥有相同的感官，比如触觉、味觉。从体内看，也有许多共同之处。果蝇也有跳动的心脏，也有肠道，可以像我们一样消化食物和排泄粪便。考虑到果蝇的体型很小，大约有3毫米长，它们的大脑就显得相当复杂。她写到，通过果蝇可以更加方便地研究我们人类自身。

超级模式生物——黑腹果蝇

果蝇在进化过程中很早就决定了它们非常喜欢在我们身边活动，或者说喜欢我们的食物，这也是为什么我们称它为亲人类物种。人们普遍认为果蝇起源于赤道附近的非洲，那里的野生种群与南非盛产的马鲁拉果（*Sclerocarya birrea*）密切相关。马库斯·斯泰因斯米里（Marcus Stensmyr）和同事们最近在津巴布韦进行的研究发现，精美的洞穴壁画以及在黑暗的洞穴凹槽中发现的果壳残骸证明，史前人类经常将这种水果带入洞穴深处。这些水果很可能在带入洞内时就已经成熟了，并开始腐烂，发酵的气味将果蝇吸引进来。

斯泰因斯米里和同事们进行了一系列诱捕实验，在重现这些条件的过程中发现，在所有果蝇物种中，只有黑腹果蝇会被吸引到放有这些水果的黑暗洞穴中。因此，几万年前的这一系列选择和偶然事件导致现在这些小果蝇和我们如影随形，最初搭乘奴隶船离开非洲，从加勒比海出发，沿着糖果和朗姆酒（果蝇的美味小酒）的贸易路线，随着美国南北战争后出现的香蕉和新鲜水果的贸易散布到各地。

我们把食物放在周围，就会引诱果蝇靠近。你可能会觉得那碗水果很漂亮，但对于果蝇或蛆虫来说则是"晚餐和日托所❶"。有趣的是，研究者在1875年将果蝇作为生物士兵进行研究，而前几年该物种才刚去到北美，纽约州昆虫学家约瑟夫·阿尔伯特·林特纳（Joseph Albert Lintuer）在报告中说，这些果蝇是"从一罐腌李子中培育出来的"。25年后，果蝇被认为是美国最常见的物种之

❶ 日托所是一种日托服务，专为儿童、老人或残疾人提供的白天照顾和监督服务。

一。黑腹果蝇是果蝇科果蝇属的真蝇（双翅目）。很多人都称为果蝇，但真正的果蝇属于实蝇科。实蝇科包含一些严重的经济害虫，但大多数果蝇并无危害。果蝇既不是生物控制剂，也没有重要的医学价值，对我们无益无害。那么，我们为什么要选择它作为模式生物进行研究呢？

果蝇并不是第一个用作模式生物的动物。之前有用过豚鼠、野兔和绵羊，特别是绵羊，这些动物体积都不小，不适合在实验室饲养，而且它们的世代时间很长。豚鼠是这些模型中体型最小的

遗传学实验室中的黑腹果蝇幼虫

一种，每次平均产下 2~4 只幼崽，孕期约 2 个月。豚鼠的平均寿命为 4~8 年，假设它们的寿命为 6 年，这意味着一只雌鼠一生可以产下 72~144 只幼崽（预计 4 周发育期、连续怀孕和繁殖直到死亡）。与人类相比，这个数量十分惊人，但对这种果蝇来说却不算什么，果蝇在几周内就能繁殖同等数量的后代。果蝇之所以是最佳的模式生物，不仅因为它们的繁殖能力强，还因为它们的体长只有 3 毫米！饲养果蝇并不需要很大的空间或很多资金。

20 世纪初，哈佛大学学者查尔斯·伍德沃思教授（Charles Woodworth，1865—1940）最先将果蝇作为实验室常客。虽然不清楚他是如何进行培育的，但可以看出很容易培育并且世代时间短，这两点很吸引人。伍德沃思随后将果蝇推荐给他的同事威廉·卡塞尔（William Castle），后者最初是研究哺乳动物的，但需要利用果蝇来研究近亲繁殖。在同一时期，美国自然历史博物馆的另一位昆虫学家弗兰克·卢茨博士（Frank Lutz，1879—1943）也开始研究果蝇的基本生物学特性，并发表了十多篇相关论文。

托马斯·亨特·摩尔根教授（Thomas Hunt Morgan，1886—1945）正是从卢茨那里将果蝇引入自己在哥伦比亚大学的实验室的，他 1904 年才加入该实验室。正是在这个实验室里，这些小动物以及摩尔根成了"巨星"。

摩尔根并不是昆虫学家，而是胚胎学家。他的兴趣不在于研究果蝇本身，而在于研究发育和遗传。他总是想要寻找新的生物来研究，从鸽子、兔子到青蛙、蜗牛等。他广泛的动物涉猎常常被同事拿来开玩笑。就这样，他把果蝇挤进了他那狭小但已拥挤不堪的实

托马斯·亨特·摩尔根在哥伦比亚大学著名的果蝇房。注意看，还有用来喂果蝇的香蕉

验室。正如科学史学家吉姆·恩德斯比（Jim Endersby）所说，果蝇非常适合学术生物实验室，因为它们在学年开始时会因秋季果实丰硕而大量繁殖，并且在整个冬季都很容易在温暖的实验室中繁殖，每隔几周就会繁殖新一代。

当果蝇从田野来到摩尔根位于曼哈顿上西区的阴暗实验室时，生物学家们首次开始欣赏19世纪奥地利人格雷戈尔·约翰·孟德尔（Gregor Johann Mendel，1822—1884）那长期被忽视的遗传实验。孟德尔曾是一位修道士、数学家、气象学家、物理学家和植物学家。这些不同领域的知识，加上豌豆的帮助，使他能够在1865年建立经典遗传学定律，即通过繁殖看到子代与亲代之间的变化。

我的眼睛长得像爸爸但鼻子像妈妈，但在很多方面，我和他们都不一样。正是孟德尔通过对普通豌豆（*Pisum sativum*，林奈，1753）进行反复杂交，观察豌豆的性状，比如颜色或褶皱会遗传给下一

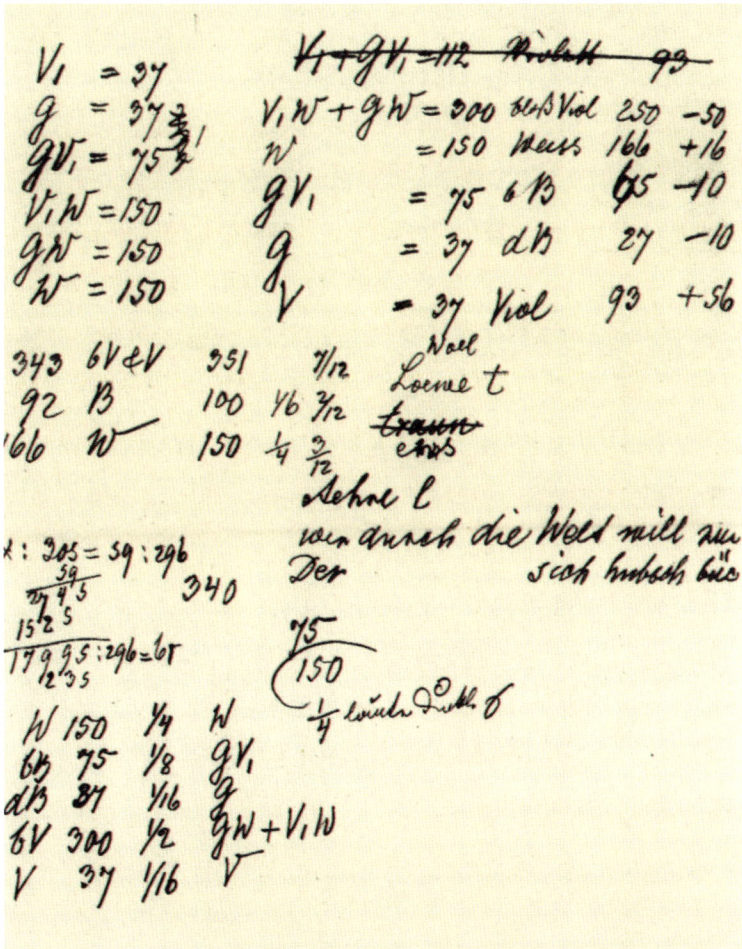

孟德尔在他开创性的豌豆实验中潦草的手稿

代，从而确定了遗传的基本机制。孟德尔开创性的细致实验在发表时被大多数人忽视了。孟德尔曾将论文发给过达尔文，但达尔文没有理会。考虑到达尔文的自然选择，进化论研究的是遗传性状变化，包括孟德尔所研究的物理性状，以及行为性状，达尔文的忽视让人有些意外。

查尔斯·达尔文的《物种起源》比孟德尔的著作早几年，于1859年出版，达尔文和博物学家阿尔弗雷德·拉塞尔·华莱士提出的进化论仍被人激烈争论。摩尔根的观点一直是实验大于观察，因此他对达尔文及其理论持怀疑态度，对孟德尔的遗传定律怀疑更大，他曾说过："在孟德尔主义的现代诠释中，事实被迅速转化为因子。如果一个因子无法解释事实，那么就会引用两个因子；如果两个因子被证明是不充分的，那么就可能出现三个因子。"

摩尔根认为自然选择理论不足以解释新物种的起源，于是开始培育果蝇，以测试自然选择理论的替代方案。他培育果蝇不是为了孟德尔的研究，而是为了尝试在实验室环境中的实验进化。摩尔根被荷兰植物学家雨果·德弗里斯（Hugo de Vrie，1848—1935）的新理论所吸引，这个理论认为物种是通过离散跳跃演化而来的，也就是德弗里斯所说的突变。德弗里斯曾预言，在某些条件下，动物会进入"变异期"。摩尔根想通过果蝇，看看它是否能通过密集的近亲繁殖诱发这样的变异，实际上就是在试管中重现进化。果蝇在他狭小实验室里的数量不断增加，实验室逐渐变成了"果蝇室"。

英国曼彻斯特大学的科学史学家和遗传学家马修·科布

（Matthew Cobb）教授多年来一直把果蝇作为实验生物，但他主要研究果蝇的蛹，以了解果蝇的生理机能，例如蛹的气味，请忽略它难闻的特点。科布还出版了多本著作，介绍果蝇对当前科学事业的价值。科布解释说，摩尔根一直在寻找那些突变的例子，他认为这些例子证明了德弗里斯在新物种进化过程中的突变理论，而这在果蝇身上最容易实现。

两年来，摩尔根坚持不懈地培育果蝇，但正如他在书中所写的，他"一无所获"。他的挫败感与日俱增，尤其是在这段时期，他的同行们发表了大量令人惊叹的科学成果。早在19世纪末，人们就已经观测到了染色体，也就是细胞核中含有脱氧核糖核酸

黑腹果蝇在做它们最擅长的事

（DNA）的部分，这些脱氧核糖核酸构成了基因，但那时我们还不知道这一点。

由于孟德尔研究成果的重新发现，我们对遗传性状有所了解，但这仅限于概念，我们并不知道遗传具体是如何发生的，也不知道发生在细胞的哪个部位。1902 年，德国动物学家西奥多·博韦里（Theodor Boveri，1862—1915）在研究胚胎发育时发现，在绿海胆（*Psammechinus microtuberculatus*，布兰维尔，Blainville，1825）和紫海胆（*Sphaerechinus granularis*，拉马克，Lamarck，1816）这两种海胆中，胚胎发育需要染色体。同年，在大洋彼岸的哥伦比亚大学，美国遗传学家沃尔特·斯坦伯勒·萨顿博士（Walter Stanborough Sutton，1877—1916）观察到染色体在减数分裂过程中分裂，形成子细胞。这两项发现促成了博维里·萨顿（Boveri–Sutton）染色体理论，即细胞核中那些未知的神秘物质就是控制孟德尔遗传的物质。这种遗传物质为孟德尔育种实验提供了证据，也为孟德尔理论提供了依据。

与此同时，摩尔根一直在为证明或反驳进化理论进行实验，实验室里放有许多实验用果蝇。但是，在两年时间里他试图通过让果蝇摄入各种食物和化学物质来诱发"变异期"，从而证明德弗里斯变异理论，但都以失败告终。直到 1910 年的一天，他在一群红眼果蝇中，发现了一只白眼雄蝇，发生突变了！难道这就是德弗里斯变异期？为了找出造成这种颜色突变的原因，摩尔根做了一个简单的繁殖实验。起初，摩尔根很困惑，因为变异并不像德弗里斯理论所预测的那样明显。此外，第一代突变体的后代都可以相互杂交，因此并没有构成一个新的物种；当一个正常的红眼雌性与其中一个白眼雄性突变体杂交时，所有后代全部都是红眼。但当这些第二代果蝇进行杂交时，红眼和白眼呈现3∶1的比例。我们假设红眼基因为R，白眼基因为w，那么雌雄染色体的混合将包含RR、Rw和ww的组合。在这种情况下，红眼是显性，因此RR和Rw杂交后一定会产生红眼后代，而亲代均为隐性ww的话则会产生白眼后代。因此，这种突变非但没有产生新物种，实质上是典型的孟德尔隐性因子的证据。

最重要的是，没有一只雌性果蝇是白眼。摩尔根最初提出，这种基因对雌性来说可能是致命的，会使它们过早死亡。但根据孟德尔的学生内蒂·史蒂文斯（Nettie Stevens，1861—1912），以及前系主任埃德蒙·威尔逊教授（Edmund Wilson，1856—1939）的共同研究，确定了性染色体，即X和Y染色体。这些是性细胞，每个细胞都含有父本一半的遗传物质，于是，摩尔根开始尝试确定白眼特征确实是一种与性染色体关联的遗传特征，结果证实了他的想法。这一开创性的发现使摩尔根得出结论，某些遗传性状并不是独立遗传的，这也是孟德尔的观点，它们是有一定联系的。这个结论是开创性的，但也受到争议，摩尔根的结论与孟德尔的一条规则相矛盾。正如哈佛大学遗传学家莫尔（Mohr）指出的那样，他的结论是有数据支持的，在研究过程中一共使用了4 000多只果蝇。

这种程度的复制在其他模式生物身上是不可能发生的，因此，这些结果不仅对我们理解遗传学具有革命性意义，而且在将这种果蝇确立为模式生物方面也具有变革性意义。有了这些结果，摩尔根

红眼雌蝇和白眼雄蝇

不仅意识到他对德弗里斯突变理论的判断是错误的，还证实了染色体遗传理论，并首次将染色体、基因、突变和遗传联系起来。

摩尔根和他的团队接着发现了更多的突变体，例如不同形状的刚毛和翅膀缺陷，进而找出了这些特征在染色体上的位置，并得出结论：那些经常一起遗传的特征，其基因在染色体上的距离更近。1915 年，摩尔根和他的实验室团队出版了《孟德尔遗传机制》（*The Mechanism of Mendelian Inheritance*）一书，总结了所有这些发现，并提供了大量数据支持。他们可能不是第一个提出遗传或孟德尔基因位于染色体上的人，但他们的说法令人信服，尤其是摩尔根欣然捐赠了相关果蝇的存货，供想要亲自查看结果的人验证。那只雄蝇的诞生赋予了现代遗传学以生命，摩尔根也因此在1933 年获得了诺贝尔奖，这是近几十年来黑腹果蝇研究人员获得的第六项诺贝尔奖。哥伦比亚果蝇研究室的这些研究开创了新纪元，将实验遗传学推向了世界，同时也将不起眼的果蝇推成了最有影响力的模型之一。

　　首个基因突变被命名为"白色"，虽然大多数果蝇为红眼，这是在命名基因时的通用逻辑，一般以突变版本为名。我们现在知道，果蝇的四条染色体上有14 000个基因，相比之下，人类有20 000～25 000个基因，23对染色体。为这么多基因命名可不容易，可能是为了减轻实验室工作人员的负担，科学家们想出了一些非常有趣的名字。

　　比如有个基因名为"肯和芭比"，其基因突变会导致果蝇没有外生殖器。"铁皮人"基因听起来就很悲惨，拥有这个基因的果蝇生来就没有心脏，而"瑞士奶酪基因"则会导致大脑出现空洞，就像多孔奶酪一样。携带"格劳乔"基因突变体（变种）的果蝇，眼睛上方有浓密的刚毛，酷似美国喜剧演员格劳乔·马克斯（Groucho Marx）。还有"酒鬼基因"和"酒晕子基因"，前者通常导致果蝇被乙醇及相关物质吸引，而后者则使果蝇对乙醇非常敏感！这两个基因非常有趣，因为它们可以帮助我们理解人类行为和酒精依赖。

　　1998年，研究人员利用醉酒计（我保证这名字不是我瞎取的）确定了对乙醇敏感性增加的突变基因。虽然名字听起来有点草率，但研究结果却很严肃，因为酒精不仅是世界上使用最广泛的药物之一，而且与滥用酒精有关的医疗和社会问题也很多。仅在英格兰，2017—2018年就有近60万依赖性饮酒者。因此，确定基因在成瘾中的作用时，我们可以研发出调节这些基因影响力的方法。这就从针对身体特征的研究转为对行为特征的研究了。

几十年来，果蝇一直被认为是实验室的宠儿，但事实并非总是如此。20世纪70年代初，加利福尼亚理工学院的一位科学家自豪地拿着一个巨大的木制果蝇模型，这个画面令人回味无穷。这或许是对果蝇昔日辉煌的致敬，因为此时，体积更小、结构更简单的细菌和病毒已经开始取代果蝇成为模式生物，而流感嗜血杆菌［莱曼（Lehmann）和诺伊曼（Neumann），1896］早在1995年就获得了首个全基因组测序奖。直到5年后，果蝇的基因组才能完成排序。果蝇虽然在实验室中仍然很常见，但在实验领域却输给了这些更简单、更便宜的模型。

但美国教授西摩·本泽尔（Seymour Benzer, 1921—2007）对果蝇充满信心。果蝇不仅能完成许多我们人类所做的复杂行为，如学习、求爱和计时，还能在天花板上行走和飞行。本泽尔想更多地了解它们是如何做到这些的，而不仅仅是探索控制其生理或形态的基因。于是，本泽尔开始了关于基因和行为的开创性研究工作，重新点燃了我们对果蝇的热情。本泽尔在13岁生日时收到了一台显微镜，这台显微镜"为他打开了整个世界"。他对这个微观世界产生了浓厚的兴趣，这比我只会看着跳蚤跳跃而感到兴奋更有意义。

本泽尔最初学习的是物理专业，但在另一位物理学家埃德温·薛定谔（Edwin Schrödinger，1887—1961）的启发下，他转而研究遗传学，并率先指出突变可能发生在同一基因的不同位点。在这个过程中，他发现基因并非像以前认为的那样由不可分割的单元组成，而是由一排排线性的化学块组成，这些化学块被称为碱基，想象一下，一排排五颜六色的乐高积木沿着地面堆叠在一起，差不

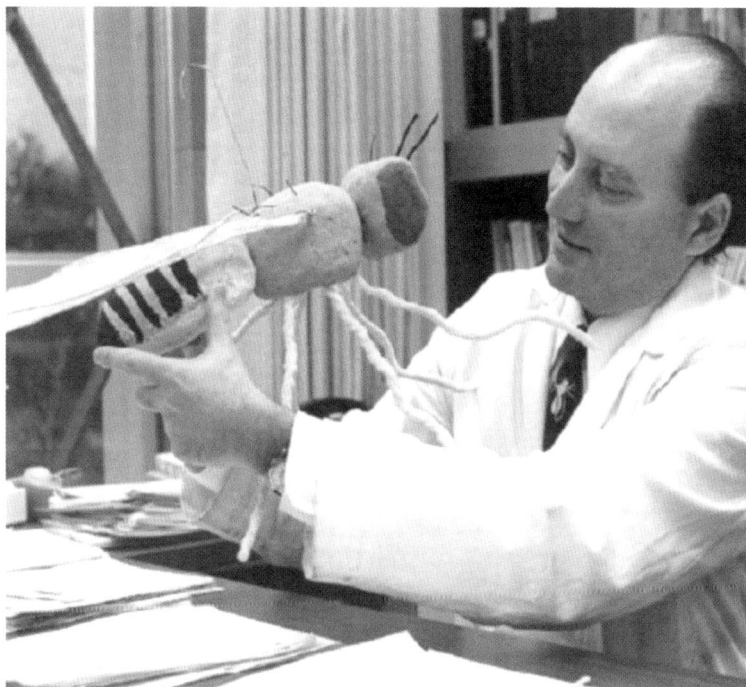

1974 年，西摩·本泽尔在加州理工学院的办公室与果蝇模型

多就是这个意思。即使是一块积木发生变化，或者说一个碱基对的变化，都可能导致突变。本泽尔对这些"积木块"的解释奠定了分子生物学的基础。

然而，他并不满足于此，在加州理工学院休假期间，他转而研究起果蝇，并再次取得了新的突破，这次他创立了现代神经遗传学，研究基因对行为的影响。以前对此现象的研究包括如何通过杂交来改变复杂的行为特征，或通过选择性育种来提高行为特征。但本泽尔有一个不同的想法，他要寻找一种模式生物，在这种生物中，有可能找到改变特定行为的单基因突变。当他选择果蝇作为实验工具时，许多同事都不以为然，但本泽尔毫不气馁。他曾经说过："如果所有和你交谈的人都说你不应该做某件事，那么你可能就不应该做；如果每个人都说你应该做某件事，你也不一定应该去做。但是，如果与你交谈的人中有一半叫你去做，一半说你疯了，那么你就一定要去做。"

本泽尔将他在加州理工学院的休假变成了无限期停留，在确定基因与行为之间的联系时，他能够证明这些小动物比我们最初认为的要高级得多，包括计时能力。1973年，本泽尔发表了一篇论文，描述了果蝇的昼夜节律突变，它们和人类一样有生物钟。但本泽尔制造的变异几乎确定地意味着DNA的一个碱基被改变了，其繁殖的后代要么根本没有生物钟，没有规律的睡眠时间；要么很早就醒来，生物钟周期为17小时，而不是24小时；要么生物钟周期为27小时左右。本泽尔将这种变异命名为"周期"。果蝇的生物钟其实与人类的生物钟是一个道理。虽然哺乳动物中的基因更为复杂，但本质上是相同的，作用方式也基本相同。因此，本泽尔利用这些果蝇来了解生物钟，并继续研究衰老和逆衰老，甚至对无学习能力的果蝇进行研究，这个特征听起来很耳熟。

从早期鉴定这些果蝇的基因，到现在已经扩展到各类学科，帮助我们更好地研究神经变性、癌症和睡眠等领域。除了有助于地球上的研究，果蝇还能帮助人类研究太空，果蝇是首个被送入太空的物种。1947年2月20日，一架V2火箭从美国新墨西哥州的导弹发射场发射升空，果蝇成了第一批"宇航员"。它们在空中飞行

小小的宇航员坐着小小的宇宙飞船

了108千米后通过装在火箭上的降落伞返回地球，落在美国国家航空航天局（NASA）指定的太空起点以内1.5千米处。用火箭把飞行动物送上天，这个想法我觉得很有意思。

从那之后，果蝇参与了各种太空任务。美国国家航空航天局甚至建造了一个果蝇实验室。自2014年以来，国际空间站上的果蝇实验室一直在进行一系列实验，研究长期太空停留对从生物钟基因表达到身体防御系统等各个方面的影响。神经生物学家沙米拉·巴塔查里亚（Sharmila Bhattacharya）博士是美国国家航空航天局艾姆斯研究中心一个实验室的负责人，自2015年以来一直从事将果蝇通过航天飞船送入太空的工作。但它们没有豪华客舱，而是装在扑克牌大小的小盒子里，并且是成千上万个小盒子被装在一个比面包桶还小的空间里。再次强调，正是果蝇快速繁殖的能力和对居住环境的低需求，使其成为太空研究的理想对象，从而推断太空旅行对我们人类的影响。

巴塔查里亚和许多其他研究人员一直在研究果蝇如何适应太空生活，它们的优势体现在可以在短时间内进行多代研究。这让我们能够了解果蝇在其生命的各个阶段是如何适应太空生活的，以及在这些外星条件下是如何发生生理变化的，例如睡眠习惯的改变。大家都知道睡眠的重要性。我们在睡眠时，身体和大脑经历了一段清洁、修复和休息过程，这对维持身体正常功能至关重要。我们都有过这样的经历，当睡眠受到干扰时，早上起来大脑就会迷迷糊糊的，这不仅仅是记忆力差和醉酒的影响，而且还是免疫系统在起作用。这与失重，准确地说是微重力相结合，对长期太空飞行有着明显的影响。

2020年，巴塔查里亚及其同事发表了关于"太空蝇"的最新研究报告，首次揭示了太空环境对心脏功能的影响。这些果蝇在太空环境中出生，在微重力的作用下度过了生命的前三周，相当于人类的30年。这些"外星生物"首次来到地球后，很快被转移到特制的实验室环境中，以确保重力效应不会影响研究结果。研究人员通过让果蝇爬上试管来测量它们的心率和心脏收缩能力，这是一项微型的体能测试，通过将这些数据与普通的地球果蝇进行比较，他们发现太空蝇的心脏较小，泵出的血液较少。此外，引起收缩的肌肉排列也发生了变化，肌肉数量减少。这不仅对了解人类身体在太空中的反应很重要，对我们的日常生活也很重要，因为这与我们在心脏病发作后的情况正好相反。那么，下一步就是找出影响肌肉发育的蛋白质。

自从摩尔根把果蝇从果盘带进实验室以来，我们已经走过了漫长的道路。现在果蝇已从普通生物体变成了实验设备。摩尔根利用了果蝇体型小、繁殖力强、生命周期短、成本低、易于培养、染色体互补性小、经得起突变和杂交实验等特点。100年后的今天，科学家依然将果蝇作为实验对象。正如一本学生指南开玩笑时说的那样，"在任何重要项目中，果蝇都会要求你先做学徒。它们不会开始发挥作用，直到确定你是真心对待这个项目的"。果蝇一次又一次地证明了其研究价值，而它们只需做最擅长的事情——吃、喝、交配，就能为人类遗传疾病和缺陷方面提供新发现，这样的生活真令人羡慕啊。

木刻版画，1852 年，大孔雀蛾［丹尼斯（Denls）和希弗穆勒（Schiffermuller），1775］

生命的律动

蚕在吐丝的同时也在为自己挖掘坟墓，
用纱布将自己包裹起来。
从肚子里取出一卷蚕丝，铺在身上，就像一座墓碑。
蚕宝宝从骨灰中生长，自己却燃成了灰烬。
——玛格丽特·卢卡斯·卡文迪什夫人（1671）

很难相信，就在350多年前，人们还认为昆虫是由泥土孵化出的。1671年，被誉为哲学家、作家、科学家和诗人的纽卡斯尔公爵夫人玛格丽特·卢卡斯·卡文迪什夫人（Margaret Lucas Cavendish，1623—1673）发表了一首诗歌，描述了这样戏剧性的一幕—— 一只蝴蝶从腐烂的毛毛虫的尸体中破土而出。如今，我们知道事实并非如此，但这并不意味着事实就不那么戏剧化。昆虫的生命周期非同寻常，它们在"化茧为蝶"的过程中征服了几乎所有栖息环境。

昆虫的身影在淡水生态系统中随处可见，甚至还涉足海洋环境，别忘了果蝇还去过太空旅行。20%的昆虫在发育过程中会经历一系列的蜕皮，直到长为成虫，但经过2.8亿～3亿年的演变，昆虫的发育发生了巨大变化，如今，绝大多数昆虫都会经历一个令人惊叹的过程，那就是几乎完全改变自身形态。昆虫在发育过程中会经历一次彻底的蜕变（metamorphosis），这个词源自希腊语，意思是变形。仅从数量上看，地球上65%的动物物种都会经历蜕变。

数量如此之多，足以说明蜕变是一种成功的繁殖策略。蜕变长期以来一直受人误解并被冠以神秘之名，直到今天在某种程度上仍然是生物之谜，但蜕变现在具有新的环境意义。这似乎有点夸大其词，但亮绿色的毛毛虫能变成满身是毛的皇蛾，蠕动的白蛆能变成金属质感的蓝瓶蝇，这难道不奇妙吗？如果询问一下周围的人，一定很少有人仔细想过在这个隐秘的变化过程中究竟发生了什么。要了解它，我们必须首先了解昆虫生命史的各个阶段。

昆虫的四大目包括鳞翅目（蝴蝶和飞蛾）、鞘翅目（甲虫）、双翅目（苍蝇）和膜翅目（蜜蜂、黄蜂、蚂蚁和锯蝇），均属于完全变态昆虫，也就是说它们要经历完全的变态发育过程，大部分昆虫经历卵、幼虫、蛹和成虫4个阶段。大多数人只把成虫当作昆虫，而忽略了在它们成年之前时间更久的3个阶段。即使你考虑这些昆虫的幼虫（如果你是园丁，肯定考虑过），你有考虑过这些变化到底是怎么回事吗？许多人被这个问题困扰了很久。

几个世纪以来，关于昆虫是怎么来的说法不一，很少有人将幼虫形态与成虫联系起来。古埃及人认为，蜜蜂（林尼厄斯Linneaus，1758）是太阳神"拉"的眼泪化成的，落到了地球上。在塞索斯特里斯三世国王统治时期（King Senusret Ⅲ，公元前1870—前1830），埃及人是第一批养蜂人，负责养殖蜜蜂、采集蜂蜜以及制作相关制品。

　　有证据表明，埃及人在采集蜂蜜时会使用烟雾来安抚蜜蜂，虽然这个方法起初是偶然想到的。所有这些在象形文字中都有详细记载，但并未记载他们对蜜蜂生命周期的看法。

　　希腊罗马人对蜜蜂的崇敬不亚于埃及人，关于希腊罗马人及其昆虫亲缘关系的记载也很多。古希腊著名人物亚里士多德（公元前384—前322）是自发生成理论的支持者，这个理论认为生物实

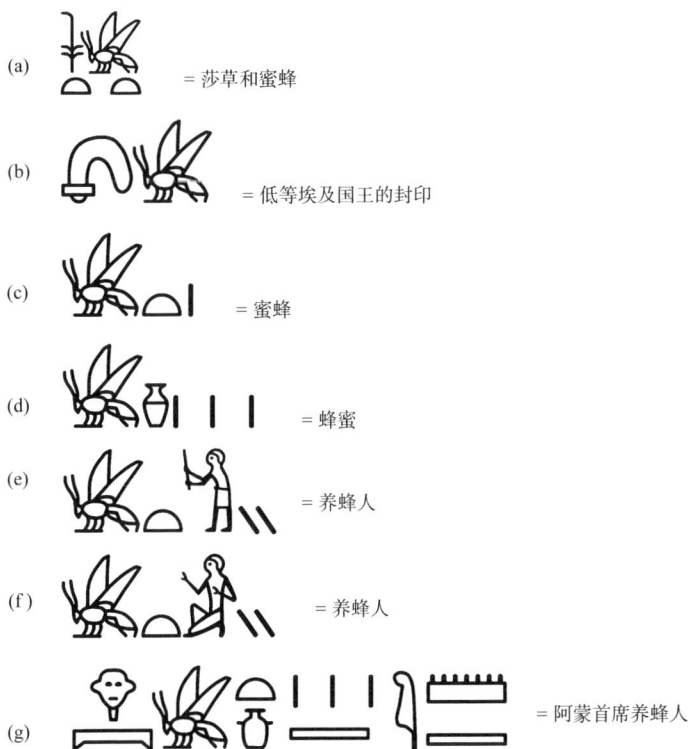

(a) ＝莎草和蜜蜂

(b) ＝低等埃及国王的封印

(c) ＝蜜蜂

(d) ＝蜂蜜

(e) ＝养蜂人

(f) ＝养蜂人

(g) ＝阿蒙首席养蜂人

蜜蜂相关的象形文字

际上是从非生物物质中产生的，亚里士多德是最早阐述这个理论的学者之一。只要物质中包含"气动"（pneuma），亚里士多德称为"生命灵气"，尘埃亦能生成跳蚤，腐肉亦能生成蝇蛆。在《圣经》中，上帝让摩西"伸出你的杖击打地上的尘土，使尘土在埃及遍地变成虱子"，听起来确实很奇妙。

这种认为昆虫是由非生物物质生成的理论存在了很长时间。阿塔纳斯·珂雪（Athanasius Kircher，1602—1680）是德国人，也是最早采用显微镜并用其研究包括微生物在内的人之一。但这并不妨碍他为被认为不能繁殖的动物编写食谱，包括青蛙、蛇、蝎子和昆虫在内的低等生物。1664年出版的《地下世界》（*Mundus Subterraneus*）是珂雪最受欢迎的出版物之一。

想知道如何变出苍蝇吗？这是戈登克尔（Gottdenker）根据1668年版翻译的1979年译本第576页珂雪的配方："收集一些苍蝇尸体，粉碎后放在黄铜板上，撒上蜂蜜水浸渍。然后像化学家那样，将铜板用煤灰或沙子甚至是马粪燃烧后的低温加热；在显微镜下可以看到无法用肉眼看见的虫子，随后变成长有翅膀、可察觉的小苍蝇，并逐渐长大为成虫。"

自发生成理论在当时受到很多人的支持，最终由意大利医学家弗朗切斯科·雷迪（Francesco Redi，1626—1697）推翻。雷迪被誉为现代寄生虫学之父，尽管他更多地研究寄生虫而不是昆虫。但他在揭穿那个时代许多伪科学包括自发生成理论方面起到了重要作用。1668年，雷迪出版了《昆虫繁殖实验》（*Esperienze Intorno alla Generazione Degl'insetti*）一书，他在书中预测并证明了蛆虫的

ATHANASII KIRCHERI
E Soc. Jesu

MUNDUS
SUBTERRANEUS,
In XII Libros digestus;
QVO

Divinum Subterreſtris Mundi Opificium, mira
Ergaſteriorum Naturæ in eo diſtributio, verbo παντάμορφον
Protei Regnum,

Univerſæ denique Naturæ Majeſtas & divitiæ ſumma
rerum varietate exponuntur. Abditorum effectuum cauſæ acri indagine
inquiſitæ demonſtrantur ; cognitæ per Artis & Naturæ conjugium ad
humanæ vitæ neceſſarium uſum vario experimentorum apparatu,
necnon novo modo, & ratione applicantur.

TOMUS I.
AD

ALEXANDRUM VII.
PONT. OPT. MAX.

AMSTELODAMI,
Apud JOANNEM JANSSONIUM & ELIZEUM WEYERSTRATEN,
ANNO cIɔ Iɔc LXV. *Cum Privilegiis.*

《地下世界》，一本在家制作昆虫、青蛙、蛇和蝎子的教程

"出现"，或者更准确地说，要在死蛇这个食物源上发现蛆，需要有成年苍蝇，"尸体的腐烂或任何腐烂物质都会产生蛆虫"。雷迪的与众不同之处在于他相信实验方法，并指出"为了验证观察结果，我们需要经常接近或远离我们想要研究的物体，或者改变其位置、光线"。他采用的实验方法十分缜密，并对以前被提出和接受的理论提出了质疑。

雷迪在描述苍蝇如何形成蛆虫时充满着好奇的情绪，阅读他的文字仿佛让人身临其境。你一定想知道接下来会发生什么！首先，他将蛇的尸体放在一个敞开的盒子里，没过多久便看到有"蠕虫"，也就是蛆虫，进食、长大，但令人啼笑皆非的是最后他让蛆逃跑了。在好奇心的驱使下，雷迪重新进行了实验，但这一次他将盒子密封完好，让蛆虫无法逃脱。根据雷迪描述，这些被包裹起来的蛆是如何像"睡着了"似的一动不动，并逐渐变成"蛋"的形状，之后颜色变暗，最终变成黑色，整个过程中雷迪没有使用"蛹"这个词。雷迪将黑色的"蛋"放入不同的玻璃器皿中，第八天，每个"蛋"中都"飞"出了一只灰色苍蝇，行动迟缓，形状畸形，就像没有发育完整一样，并且翅膀紧闭；但几分钟后，它们将翅膀展开并膨胀，与身体大小成正比，同时，身体的各个部分也变得对称了。

随后整个就像脱胎换骨了一样，身体从灰色变成了亮绿色；身体变得越来越大，让人惊叹之前的"蛋"居然能容下这么大的身躯。"我曾坐在自家花园里目睹了这一过程，让人不由产生敬畏之情，希望所有人都能有机会去亲自观察。"雷迪随后使用其他动物进行了相同实验，并且还采用了盖子和纱布两种密封方法进行对比。使用盖子密封的盒子里没有发现蛆，但用纱布封盖的盒子里不仅有蛆，还有成蝇。成蝇和蛆彼此依托。这对自发生成理论来说是强有力的驳斥，但令人遗憾的是，自发生成理论并未就此消亡。雷迪还是一位著名诗人，他在一首关于亚里士多德的小调中简洁明了地表达了自己的看法，"因为他是亚里士多德，因此即使他说谎也会有人相信"。

与雷迪同时代的荷兰生物学家和显微镜学家简·施旺麦丹（Jan Swammerdam，1637—1680）对这种盲信盲从的做法嗤之以鼻，并着手于推翻亚里士多德的观点。施旺麦丹曾在当时的荷兰莱顿大学接受医学培训，并在人类子宫研究方面取得了重大发现。

但他所感兴趣的生物比人类小得多。施旺麦丹的父亲简·雅各布森（Jan Jacobszoon，1606—1678）在阿姆斯特丹主码头南侧的药房里有几个"猎奇柜"，陈列着水手们从四面八方收集来的奇特自然生物。这些陈列柜激发了小施旺麦丹的想象力，这让雅各布森非常担心，他希望儿子过上更加稳定和传统的生活，大概是因为他自己在生活中就饱受经济压力。当时莱顿大学是欧洲自然史研究的中心，因此年轻的施旺麦丹不顾父亲意愿，开始利用微型单透镜显微镜对昆虫进行解剖和绘图。他的发现颠覆了人们对亚里士多德自发生成理论的认知，但在此之前有其他科学家发布了关于蚕的研究成果。

1669年，意大利生物学家和物理学家马尔切洛·马尔皮吉（Marcello Malpighi，1628—1694）也开始使用单透镜显微镜进行研究工作。他后来成为显微解剖学的创始人之一，并发表了《家蚕》（*De Bombyce*）一书，对蚕进行了详细分析。该书的发表得益于伦敦皇家学会秘书亨利·奥尔登伯格，他在1667年写信问马尔皮吉是否愿意将自己的发现向其他学会会员分享。恰巧，马尔皮吉刚刚完成了《家蚕》一书，于是寄了过去。大家看过此书后，学会决定慷慨解囊，为这本折叠式图画书的出版提供支持。这本书是在英国人罗伯特·胡克的显微镜著作《显微图谱》问世4年后出版的。这两本书的内容都非常详尽，包含精确的图画，同时经受住了时间的考验，但胡克并没有像马尔皮吉那样进行解剖分析。

有人送给了施旺麦丹一本《家蚕》，此时他已是公认的解剖学和生理学专家。因为书中对蚕等昆虫的精妙解剖和分析，让施旺麦丹对昆虫的发育和转化有了新的理解。他在1669年的博士论文《昆虫史总论》（*Historia Insectorum Generalis*）中，根据动物的发育过程创建了一个分类系统。这是一项伟大的创新，比卡尔·林奈的分类系统早了将近100年。第一类，施旺麦丹称为"目"，包括各种节肢动物，比如蜘蛛、蝎子和不变态昆虫，即从孵化到成虫变化很小的昆虫。第二类是从蛹发育成成虫的昆虫。第三类和第四类是完全变态昆虫。不可思议的是，施旺麦丹还能够详细证明昆虫体内有复杂的内脏器官。在这个过程中，他也打破了亚里士多德传统的学说，揭示了变态（而非自发生成）和复杂性理论。

施旺麦丹对昆虫内部解剖和行为的观察是对他同时代其他科学家研究的有力补充，如简·戈德尔特（Jan Goedaert，1617—1668），这位颇具影响力的荷兰画家和博物学家曾在《自然蜕变》

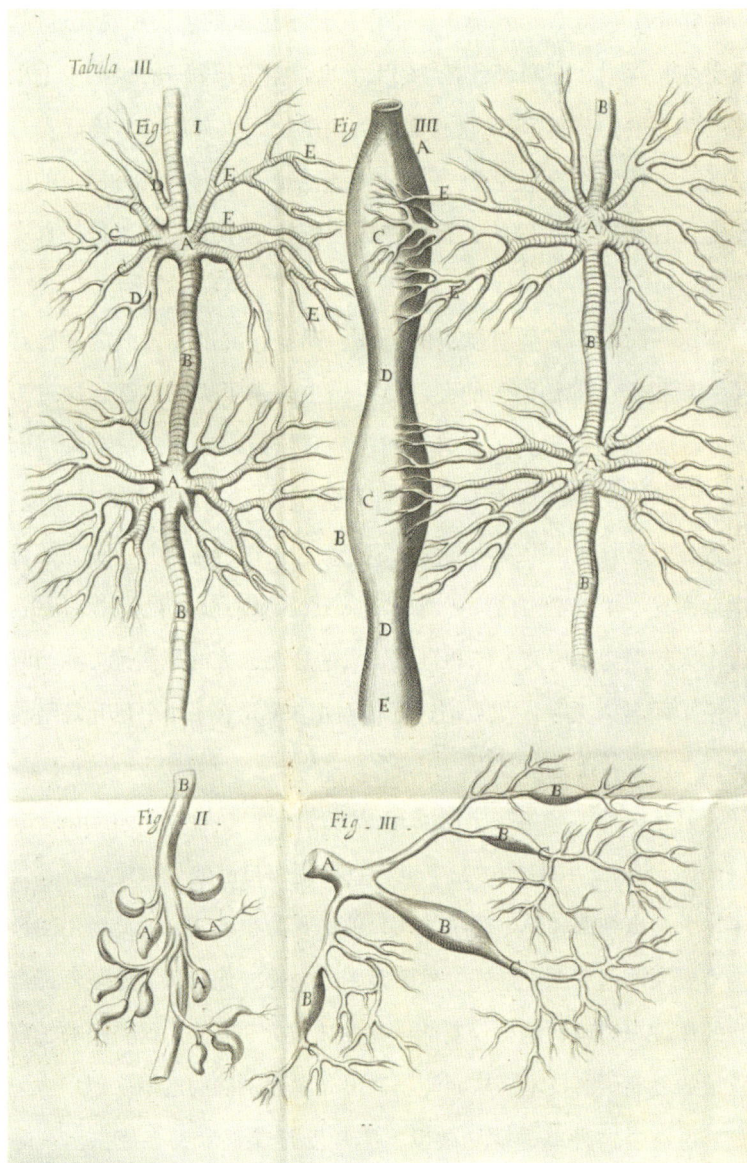

1669 年，马尔切洛·马尔皮吉在《家蚕》一书中展示的蚕的血管系统

（*Metamorphosis Naturalis*）一书中讲述了昆虫的生长和蜕变过程。戈德尔特提出，蝴蝶来自腐烂的毛毛虫，但"从同一种类的毛毛虫中产生了一只蝴蝶和82只苍蝇"的说法让人十分困惑。施旺麦丹认为，戈德尔特的一些说法完全出于想象，因为他对几种昆虫的描绘是不完整或不正确的，有一些描述更像是小说，而不是"真实情况"。

　　这一时期，人们对昆虫的绘画、观察和解剖等方面的理解有了大幅提高。他们面临的问题是，昆虫太小了，许多细胞器过于微小，人眼无法看到。此时人们已经开始使用简单的透镜来帮助研究，但直到1600年左右才出现由透镜和目镜构成的复式显微镜。复式显微镜具体由谁发明的尚无定论，但可以确定的是，荷兰眼镜制造商扎卡里亚斯·詹森（Zacharias Janssen）参与了开发。但是，有个人却因为其研究工作和自己研发的功能强大的显微镜（在当时来说）而名声大噪。胡克描述了他对由3个透镜和1个聚光灯组成的显微镜进行改造的过程。

　　但是，荷兰微生物学家安东尼·范·列文虎克（Antonie van Leeuwenhoek，1632—1723）也一直在制作自己的显微镜，并且是第一个画出细菌和原生动物的人，他称其为小动物，由此产生的影响力更大。列文虎克是一位显微镜制造大师，他选择了施旺麦丹喜欢的那种单透镜，这种仪器能够将物体放大300倍，这要归功于高质量的玻璃研磨技术，从而能制造出光滑而精确的透镜。

　　得益于这种单透镜显微镜，施旺麦丹能够看到在成虫出现之前，蛹期毛虫已经有了部分成虫特征，包括触角、翅膀、头部甚至

列文虎克显微镜的复制品

部分腹部。这是科学发展过程中的重要时刻，尽管由于镜头放大倍数太低造成图像失真而导致了一些错误。当可以看出蝴蝶并非从死去的毛毛虫残骸中生成，而是生命的延续，仅仅是改变了形态时，施旺麦丹写道："与其说蛹拥有成体的所有身体部位，不如说蛹和成体同为一体……这只不过是包含有翅成体胚胎的毛虫或蠕虫变形。"

施旺麦丹将家蚕（*Bombyx mori*，林奈，1758）在幼虫阶段蜕皮的过程作为一种派对上的演出技巧向欧洲的达官贵人进行展示。

他前往世界各地向人们展示了为何这两种看似完全不同的生物实际上是同一种生物。听他讲解的人中就有托斯卡纳大公科西莫三世·德·美第奇（Cosimo Ⅲ de Medici，1642—1723），他当时正在北欧参观，一方面是为了逃避糟糕的婚姻，另一方面也是为了更多地了解北欧的科学和艺术成就。施旺麦丹总结道："蝴蝶、苍蝇等昆虫的肢体实际上都是在蠕虫体内生长的，其生长方式与其他动物肢体的生长方式相同，这些部分绝不是像人们所想的那样突然一下子生成的，而是在其表皮下慢慢生长出来的。"

　　成长于17世纪科学革命时期，这些自然界的发现不但没有削弱施旺麦丹模糊而神秘的信仰，反而加强了他的信仰，以至于他的科学研究和信仰完全融合在一起。他坚信世界一定是完美的。因此，他一直在寻找自然界中的秩序，并认为古人对自发生成的信仰会为偶然性和机遇敞开大门，这样一来，上帝就并非全能了。正如他所说，这是"通往无神论的道路"，让我们对自己的起源产生了怀疑，也正如他在《自然之书》（The Book of Nature）中所称的那样："如果万物的产生都是如此偶然，那么还有什么能阻止人类以同样的方式轻易产生呢？"

　　在这一信念的指引下，尽管施旺麦丹的科学生涯只持续了十几年，但他依然是17世纪最杰出的比较解剖学家之一。施旺麦丹证明了昆虫和大型生物一样复杂，任何自发生成的例子都经不起研究。他的研究成果成了现代昆虫结构、变态和分类的基础。

　　施旺麦丹在蜕变这一未知领域中明确提出的视觉论点，很快就得到了德国著名的非传统自然科学插图画家玛丽亚·西比拉·梅里安（Maria Sibylla Merian，1647—1717）的支持。梅里安是一位出色的艺术家和插图画家，她在施旺麦丹进行研究之后不久便开始了自己的研究，和施旺麦丹一样，她关注的是科学和艺术的交汇之处，并被其中的精神观念所吸引。她的工作成果收藏于伦敦自然历史博物馆的图书馆和档案馆等地，其中包括她绘制的南美洲苏里南186种昆虫的生命周期图像。她细致入微的水彩画描绘出了昆虫的蜕变过程，尤其是生活在自然栖息地的昆虫，并引起了皇家学院的注意，要知道在250年后才出现首位获准加入皇家学院的女性。

　　伦敦自然历史博物馆图书管理员格蕾丝·图泽尔（Grace Touzel）对梅里安的遗产进行了研究，其中包括一些顶级艺术藏品。这些不是普通的艺术作品，而是非常细致的作品，包括她所创作的《苏里南昆虫变态图谱》。在这本巨著中，她重点介绍了昆虫和蜘蛛的生命周期，其中许多观察结果都是科学界的新发现，也是首次将这些动物与它们的寄主植物一起绘制呈现。让我印象深刻的不仅是此书出版于1705年且梅里安本人也于1699年前往苏里南，最有意思的是她的研究助理是她21岁的女儿多萝西娅（Dorothea），梅里安当时已经52岁了！

　　图泽尔在《自然历史博物馆图书馆的稀世珍宝》（*Rare Treasures from the Library of the Natural History Museum*，2017）一书中提到梅里安，称梅里安在13岁左右就已经开始饲养和研究蚕了。1647年，梅里安出生于法兰克福的一个艺术家家庭，她的生父马特豪斯·梅里安（Matthäus Merian，1593—1650）在她三岁时就去世了，并且是在巴特施瓦尔巴赫沐浴时去世的，这里是著名的疗

MARIA SYBILLA MERIAEN

Over de

VOORTTEELING en WONDERBAERLYKE

VERANDERINGEN

DER

SURINAAMSCHE

INSECTEN,

Waar in de Surinaamfche RUPSEN en WORMEN, met alle derzelver Veranderingen, naar het leeven afgebeelt en befchreeven worden; zynde elk geplaatft op dezelfde Gewaffen, Bloemen en Vruchten, daar ze op gevonden zyn: Beneffens de Befchryving dier Gewaffen. Waar in ook de wonderbare PADDEN, HAGEDISSEN, SLANGEN, SPINNEN en andere zeltzaame Gediertens worden vertoont en befchreeven. Alles in Amerika door den zelve M. S. MERIAEN naar het leeven en leevensgrootte gefchildert, en nu in 't Koper overgebragt.

《苏里南昆虫变态图谱》，玛丽亚·西比拉·梅里安著

玛丽亚·西比拉·梅里安

苏里南昆虫变态图谱

其中绘制并描述了苏里南的毛毛虫和虫子及其所有变化，均为实地观察所绘制和描述，每种昆虫都放在发现它们时的相应植物、花朵和果实上，并附有这些植物的描述。

书中还展示和描述了奇妙的蟾蜍、蜥蜴、蛇、蜘蛛及其他罕见的动物，所有内容均由梅里安女士在美洲实地观察、按实际大小绘制。

现已刻于铜版上。

养胜地。一年后，她的母亲嫁给了雅各布·马瑞尔（Jacob Marrel，1613/1614—1681），马瑞尔是一位技艺精湛的静物画家，对梅里安之后开启的研究生涯产生了重要影响。正是马瑞尔教导并鼓励年轻的梅里安发展自己的艺术特长，梅里安从小对昆虫着迷（我懂她的感受），11岁时就开始雕刻铜版。13岁时，她就开始观察研究，并在自己的《学习手册》（*Studienbuch*）中做笔记。就在她生父去世前不久，他刻印了约翰内斯·约翰斯顿（Johannes Johnston）的《自然史》（*Historia Naturalis*）第1卷，这是一本非常了不起的书，书中介绍了来自世界各地的各种奇妙动物，大部分是真实的，但也有一些奇怪的虚构内容。其中一卷是关于昆虫的，副标题为"有脚有翅膀的可怕昆虫之书"。我曾翻阅过这本不同寻常的书，里面的图画确实令人惊叹。

梅里安想画出并研究她周围的一切，她很幸运地得到了一些蚕——令人尊敬的蝴蝶——作为礼物。我说"令人尊敬"，是因为当时大多数人仍然认为毛毛虫（和蚕）是从泥土粪便中"生成"的，因此当时并不是体面的动物。其成虫被普遍认为是女巫的变体！相当特别的女巫，会凝结奶油并偷走你的黄油。从蝴蝶的英文名"butter-flies"（奶油苍蝇）就可以看出当时人们的看法。

梅里安在她的学习手册中记录并绘制了包括蝴蝶在内的许多物种，共有285幅图画，有些已经缺失，部分在背面有注释。这本历经30年编纂而成的书见证了她毕生的心血。该书由罗伯特·卡尔洛维奇·阿雷斯金（Robert Karlovic Areskin）从梅里安庄园购得，1719年阿雷斯金去世后，俄罗斯沙皇彼得一世将其收入囊中，彼

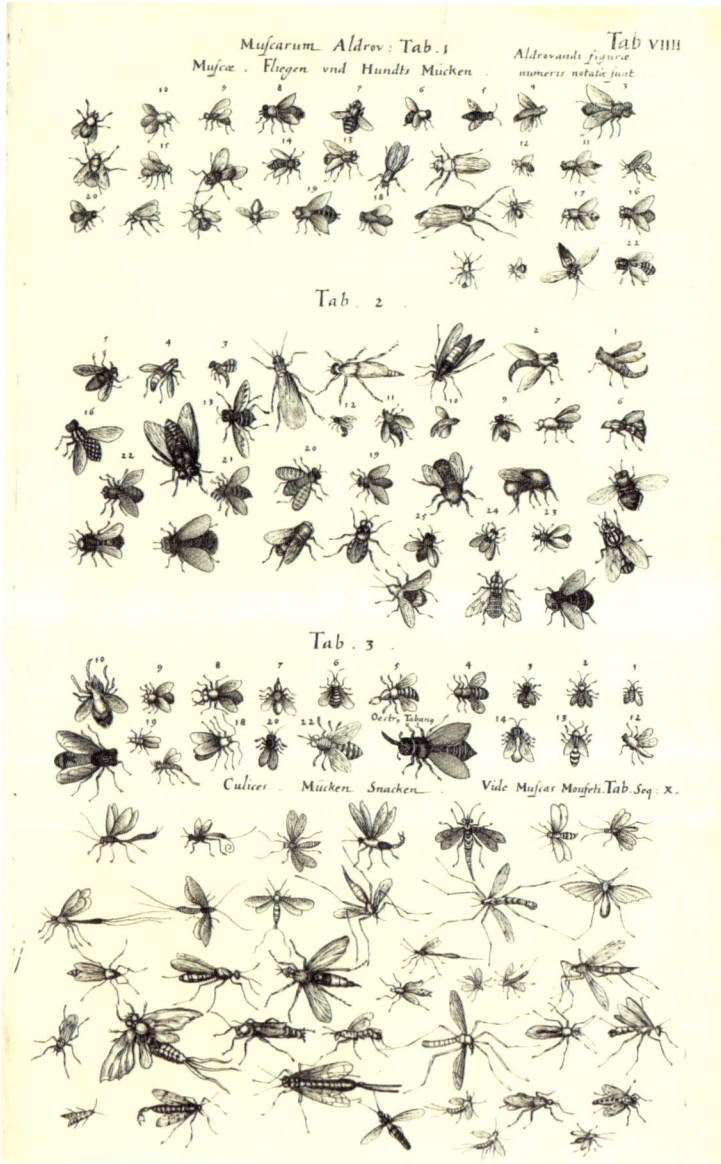

约翰内斯·约翰斯顿的《自然史》中由梅里安的父亲所作的插图

约翰内斯·约翰斯顿的《自然史》第 3 卷—有脚有翅膀的可怕昆虫之书

约翰内斯·约翰斯顿的《自然史》中的梅里安（父女）画的"可怕"的昆虫

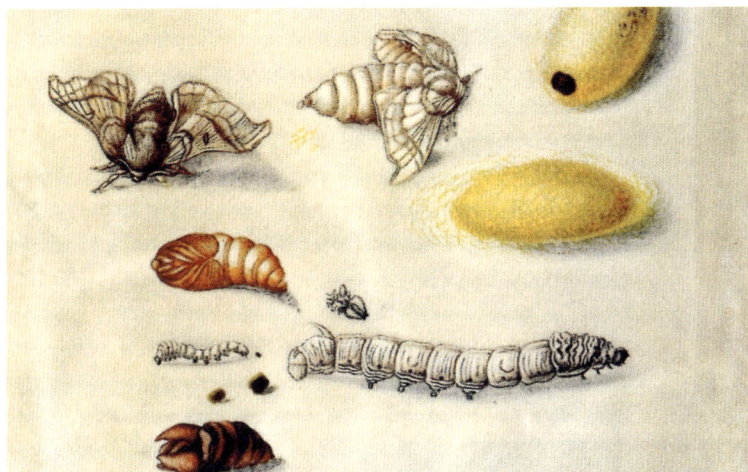

13 岁的梅里安在《学习手册》中画的蚕蜕变过程

得一世去世后，该书被俄罗斯科学院收藏。

　　梅里安与继父的得意门生、画家兼出版商约翰·安德烈亚斯·格拉夫（Johann Andreas Graff）结婚，并移居德国纽伦堡。她丈夫的艺术事业谈不上一帆风顺，为了解决家庭经济问题，梅里安开始在丝绸和亚麻布上作画赚钱。她甚至还画了一顶帐篷！在此期间，她磨炼了自己的绘画技巧，许多作品即使经过水淋日晒依然光彩夺目。虽然他们最终因信仰分歧而分开，但她的第一本昆虫书还是由格拉夫于 1677 年出版，即《毛毛虫的神奇变化和奇特的花卉食物》（*Der Raupen Wunderbare Verwandelung und Sonderbare Blumen-nahrung*），按照梅里安的说法，这是她出版的第一本毛毛虫书籍。这本书虽然只有 102 页，但可以说是最早的生态学教科书之一。

这本书的重点并不只是分类，而是关注动物的生命周期，包括生命历程、生活环境以及宿主植物。梅里安绘制了活体标本，并根据自己的观察进行记录，说明从毛毛虫到成虫的变化需要依赖各种不同的植物。戈德尔特在1635—1667年出版的三卷本著作《自然蜕变》中说明了昆虫的生命周期，这比梅里安的出版时间更早，但梅里安是第一个将昆虫的生命周期与更广泛的生态系统联系起来的人。

与丈夫离婚后，梅里安搬到阿姆斯特丹，在那里开了一间工作室，还做起了博物学标本生意，她感叹许多标本都没有数据，可以说梅里安走在了时代的前沿！她对那些别人从苏里南带回来的热带标本非常感兴趣。1699年，在小女儿的陪同下，她大胆地前往苏里南，着手绘制当地的昆虫和植物。在苏里南期间，梅里安在其助手们的帮助下，学习当地克里奥尔语，以便依靠本土知识进行研究。

梅里安对这个异域世界的写作独具特色，记录了被奴役的土著人和非洲人受到的虐待，以及他们为她的研究提供的帮助。梅里安在描述当地人称为"孔雀花"（Flos pavonis）的植物时写道："印第安人在为荷兰人服务时受到了虐待，他们用这种植物让孩子流产，以免他们像自己一样成为奴隶。几内亚和安哥拉的黑人奴隶必须受到尊重，否则他们将拒绝生育，以免让儿女受到同样的遭遇。他们不仅拒绝生育，在遭受严酷待遇后甚至会选择自杀，因为他们相信，这样他们就能在自己的故土上重生，重返自由，这是他们亲口告诉我的。"

但在1701年，当地疟疾暴发，梅里安不得不带着画作、昆虫和蜘蛛标本等物品回国。正是在这里，在他人劝说下，她撰写并绘制了《苏里南昆虫变态图谱》。这本书于1705年首次出版，色彩丰富，图文并茂，用科学的方式描述了昆虫所经历的生命周期变化。伦敦自然历史博物馆藏有一本由亚历山大·麦克莱（Alexander Macleay，1767—1848）购买的复本，麦克莱是林奈学会的研究员，业余时间研究鳞翅目昆虫。他在书页上写下了自己的注释，这些注释语言粗鲁且带有贬低之意。

梅里安不辞辛劳，去往远方，只为找寻并观察当地动物，揭示了动物的真正魅力在于作为整个生态环境的一部分，动物之间相互依存，繁衍生息。

幸运的是，梅里安和施旺麦丹在弄清昆虫变态过程时都选择了飞蛾和蝴蝶作为研究对象，这些昆虫蛹期的器官与成虫的器官十分相似。如果施旺麦丹一开始就解剖蝇蛆，那结果可能就大不一样了。科布教授多年来一直从事以果蝇为主的蛆虫研究，我希望他能继续从事这项工作。他和很多其他人一起研究了我们现在所说的"成虫盘"，成虫的身体结构正是由此而不是由类似的器官形成的。与打开蝴蝶的茧不同，打开一个非常不成熟的苍蝇蛹壳看不出什么东西。除非你十分了解，否则不一定看得出什么是成虫盘，这些小块皮肤最终会变成腿、翅膀等。施旺麦丹确实尝试过，但他并不能完全解释苍蝇的蜕变过程，他说："这些变化看起来确实完全无法理解。"施旺麦丹这么说我们不会去责怪他，毕竟时至今日我们也没有完全弄清苍蝇的蜕变过程。

虽然昆虫的蜕变过程还有待继续研究，但从完全变态的昆虫数量来看，足以说明其作为完成生命周期策略的成功。变态过程消除了幼虫和成虫之间的竞争，因为在许多情况下，幼虫和成虫占据着截然不同的生态位。这样还能使生命周期的不同阶段适应特定角色，比如扩散。成虫和幼虫都能扩散，幼虫的扩散要得益于其不情愿的宿主！

调查生命周期的各个环节现在有了新的意义，比如可由此跟踪全球环境变化。克里斯·哈索尔（Chris Hassell）是英国利兹大学生物学教授，是对此进行研究的众多物候学家之一，主要研究多年来自然事件发生的时间与天气和气候的关系。哈索尔部分借鉴了英国政府使用的"英国春季指数"（UK Spring Index），该指数关注4个春天到来的标志，即山楂树（*Crataegus monogyna*，雅克金，Jacquin，1775）和马栗树（*Aesculus hippocastanum*，林奈，1753）的首次开花，橙尖粉蝶（*Anthocharis cardamines*，林奈，1758）的首次飞行以及燕子（*Hirundo rustica*，林奈，1758）的首次出现。哈索尔发现，与15年前相比，现在的橙尖粉蝶会提前8天出现。昆虫数量、物种分布的变化，甚至昆虫体型的变化，都是环境变化的指标。但是哈索尔表示，可以选择一种整个生命周期都对温度高度敏感的模式物种作为生物替代物，用其揭示气候的微妙变化。

早在2015年，哈索尔就发表了一篇论文，将蜻蜓作为了解气候变化的"宏观生态晴雨表"。这比只看天气数据更重要，因为这可以向我们展示大自然如何应对不断变化的气候。他最初研究了英国记录在案的400多万种物种的数据集（包括24个目），但后来只集中研究昆虫，因为昆虫的记录更加齐全，而且对变化反应强烈。哈索尔最喜欢研究的昆虫是长叶异痣蟌（*Ischnura elegans*，范德·林登，Vander Linden，1820），这种昆虫在英国北部地区两年繁衍一代，而在地中海盆地的南部可能会繁衍四代。

　　哈索尔用"防轰炸"来形容这种昆虫，它们在活动范围和栖息地方面都表现出灵活性，看上去也不介意在城市生活，因此是了解气候变化的一个很好的模型。利用昆虫来预测气候变化的不止哈索尔一个人，放眼全球，有许多不同的物种都被用于预测气候变化。越来越多的证据表明，昆虫不仅通过改变繁殖时间和繁殖量，还通过改变活动范围和食物来应对人类引起的气候变化。用蜻蜓进行研究的好处在于，有大量的科学爱好者可以帮助我们进行监测，并帮助我们模拟环境的变化。

　　研究昆虫的生命周期有助于我们了解全球环境，同时让更多的人参与到昆虫研究中来。从早期的昆虫爱好者，到坚定无畏的调查者，再到形态、功能和习性的研究者，现在我们终于知道人类生活的环境是如何变化的。从复杂的绘图到使用智能手机拍照，记录过程变得越来越容易，但所有数据对于研究来说都十分重要。

蓝尾豆娘—大自然的晴雨表

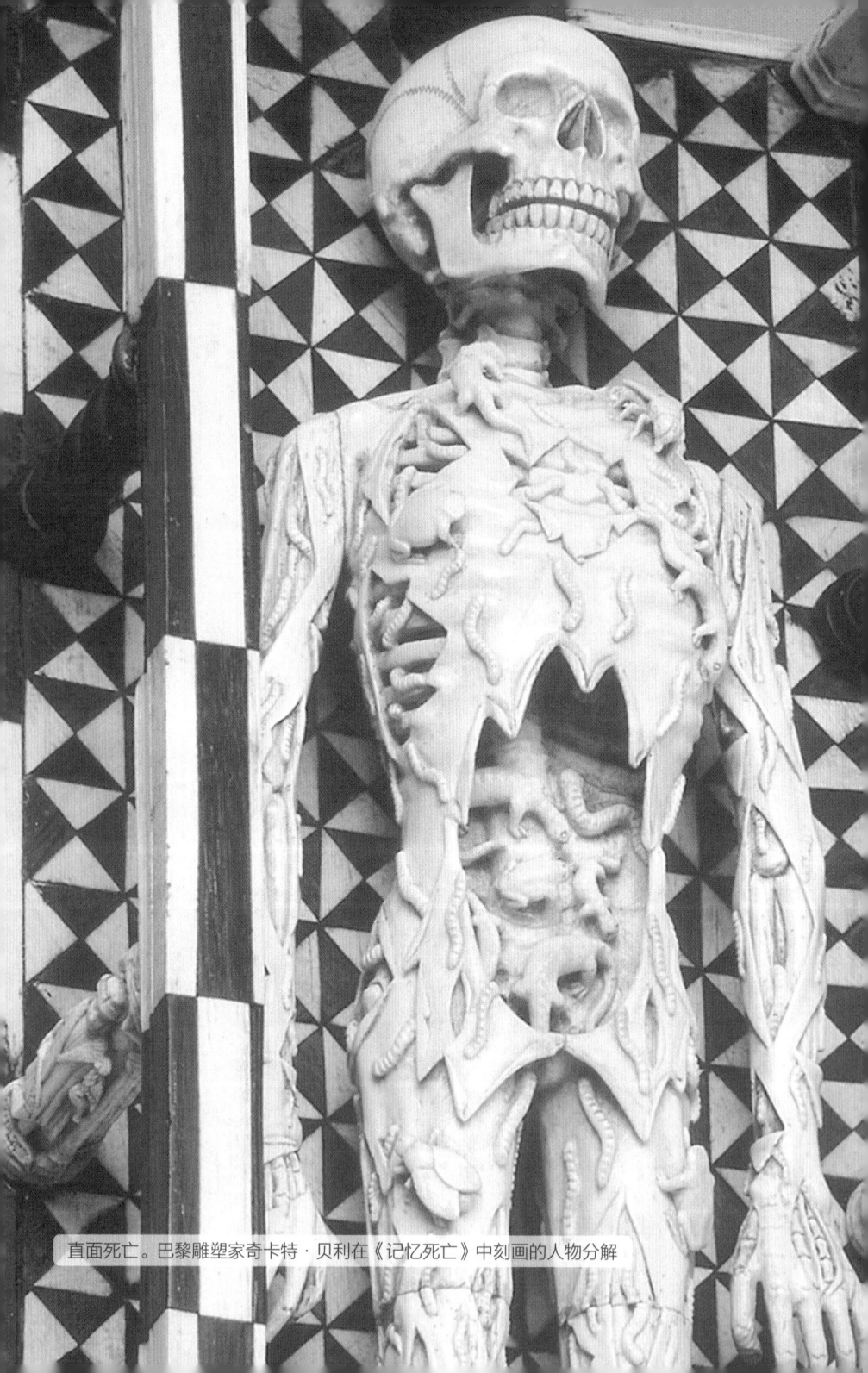

直面死亡。巴黎雕塑家奇卡特·贝利在《记忆死亡》中刻画的人物分解

昆虫界的"侦探"

有个老太太吞了一只苍蝇，

我不知道她为什么吞苍蝇，

她吃了后可能会死！

——作者不详

写下"老太太吃苍蝇"这首歌（歌词里老太太还吃了一系列其他动物）的人，一定对昆虫跑进我们体内有着挥之不去的焦虑。这种对昆虫的恐惧以及昆虫与尸体之间的联系由来已久。在第4章中，我们讨论了昆虫从尸体中自发生成的观点，科学界花了几千年时间才推翻了这一理论。宗教在其中扮演了重要角色，向我们灌输了昆虫与罪恶以及下地狱之间存在关联的思想。并且几百年来，艺术作品一直把苍蝇，以及其他让人讨厌的动物与人类尸体描绘在一起。

最早将苍蝇与尸体联系在一起的故事出自3 600年前的美索不达米亚泥板。吉尔伽美什第十一块泥板记载了洪水神话，即古代美索不达米亚英雄吉尔伽美什（Gilgamesh）去见另一位"洪水英雄"

乌特纳比西丁（Utnapishtim）时的场面。在一个类似于诺亚和他的方舟的故事中，乌特纳比西丁献祭了几头牲畜，以安抚众神并阻止洪水，之后"众神闻到了献祭牲畜的香味，像苍蝇一样围拢到祭品上"。古埃及人在他们的《死者之书》中描绘了食尸动物，即那些以死尸为食的动物，他们意识到这些动物给防腐师带来了麻烦。

　　我个人最喜欢的关于苍蝇和死尸的艺术品是个由象牙制成的棺木和尸体，出自巴黎雕塑家奇卡特·贝利（Chicart Bailly，约1500—1530）之手。贝利和文艺复兴时期的许多其他艺术家一样，希望解

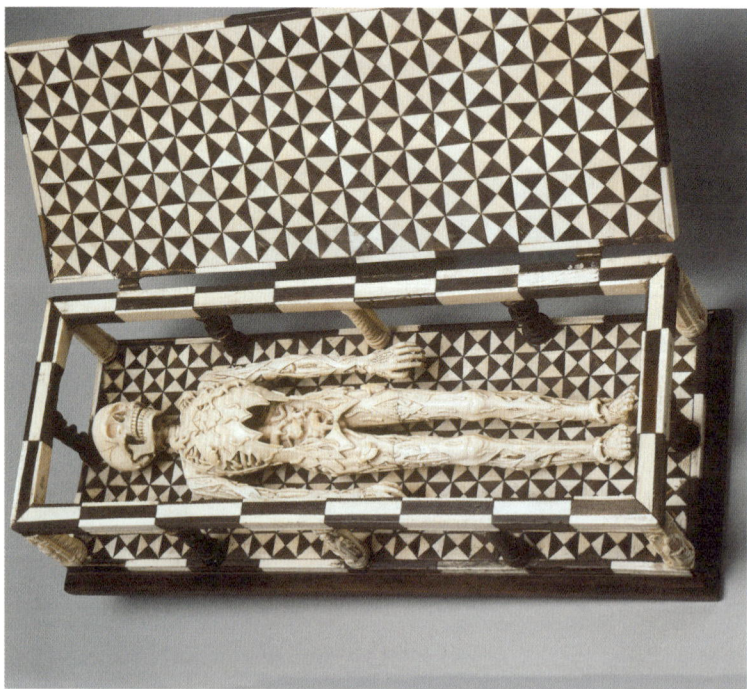

奇卡特·贝利的《记忆死亡》，苍蝇在食用尸体

开人类对死亡的担忧，与此同时让大家知道所有人都将面临死亡，并且在死后会有其他物种寄居在我们体内。这幅名为《记忆死亡》的雕刻作品展现的是一具严重腐烂且正在被苍蝇啃食的尸体。

与很多昆虫学家一样，我桌上也放有一罐蛆，我的这罐是处于幼虫时期的苍蝇。各种类型的苍蝇都有，其中包括丽蝇，俗称"蓝瓶蝇""绿头蝇"。因为苍蝇的觅食习惯，很少有人会主动喜欢苍蝇。苍蝇是最先被腐烂的遗骸吸引并以其为食的昆虫。事实上，"丽蝇"（blowfly）一词来源于一个古老的英语表达方式"flyblown"，意思是沾有蝇卵的肉。就连莎士比亚在《爱的徒劳》（*Love's Labour's Lost*）中也提到过丽蝇："夏天到了，这些苍蝇满天飞"。

丽蝇科共包括 1 900 多个已知物种。它们属于完全变态（所有苍蝇都是）昆虫，身体呈亮色且多毛！雌性丽蝇和许多双翅目昆虫一样，在孵卵过程中需要大量蛋白质，这些昆虫就是我们所说的非自发性生殖动物，因此它们在孵化时缺乏足够的营养储备，无法立即开始产卵。例如，很多蚊子，但不是所有种类的蚊子在孵化之前都需要吸血。英国布里斯托大学的理查德·沃尔教授（Richard Wall）等人在 2002 年发表了一篇论文，里面讲述了这样一个实验：将雌性成年丝光绿蝇（迈根，1826）放入改装过的移液管中。每支吸管的末端都被切掉，方便苍蝇从孔中伸出头来，并向苍蝇喂食不同数量的猪肝。

一段时间后，对苍蝇的卵巢进行研究，以了解卵的发育情况。喂食量最多的喂两餐，每餐 10 ~ 20 微升，只有这些苍蝇中有 50%

以上出现卵黄沉积，并且至少需要两餐27.5微升的喂食量才能使卵成熟。这些食物只有0.027毫升，对我们来说似乎并不多，但对这些苍蝇的繁殖生育来说却是至关重要的。正因如此，通过进化，蚊子可以在数米之外或所谓的"隐蔽环境"中定位食物。对于丽蝇等幼虫栖息地比较短暂或难以预测的物种来说，所有腐烂的物质都是它们的食物来源，因此成蝇需要提高觅食能力。

丽蝇的嗅觉会让寻血猎犬都自惭形秽，如此敏锐的嗅觉能使它们在最危险的环境中寻找新鲜血液和刚刚腐烂的物质。由于丽蝇非凡的嗅觉能力，以前人们会将成年丽蝇作为"侦探"。丽蝇通常在腐肉中和腐肉周围生活和繁殖，由于这种生活方式，它们成为法医昆虫学这一高度专业学科中的主角，该学科研究的内容是调查在犯罪现场和尸体中发现的昆虫。不过，虽然苍蝇在寻找尸体方面可能又快又准，但这跟法医是怎么联系在一起的呢？

现已基本退休（昆虫学家不会真正完全退休）的马丁·霍尔（Martin Hall）博士，自1989年以来一直在伦敦自然历史博物馆双翅目昆虫部工作，研究法医昆虫学和兽医昆虫学。在马丁的职业生涯中，包括正式退休后，他曾担任过多个警察部门或法律机构的顾问，参与处理过200多起案件。几乎在每个案件中，他被问到的第一个问题就是这个人死了多久？

马丁·霍尔以及所有其他法医昆虫学家都表示，虽然无法知道确切的时间，但可以知道苍蝇发现尸体的时间。为什么这很重要呢？病理学家很难在人死后三天左右确定死亡时间，这取决于周围温度。虽然从尸僵和血液滞积中可以获取一定信息，但超过三天

一只丽蝇和它的卵

后，这些信息就不那么可靠了。这时，苍蝇就能帮上忙了，丽蝇通常会在人死后几小时甚至几分钟内找到尸体，然后在尸体上产卵。因此，根据这些丽蝇和其产的卵可以大致计算出死后过了多久。多年来，科学家们一直在对此进行研究。卵出现的时间可能已有数天、数周甚至数月，马丁的工作就是确定这个时间具体有多久。

利用昆虫证据破案并非新鲜事，早在几百年前的中国古代就有相关记载。1247年，中国法医学家宋慈撰写了一本刑事调查培训

仓面致命共八处 分左右则 有十处

脑後骨

乘枕骨左   橫火無左右

两耳根骨右左

項頸骨第一節

脊背骨第一節

脊脊骨第一節

腰門骨第一節 即命門骨

方骨

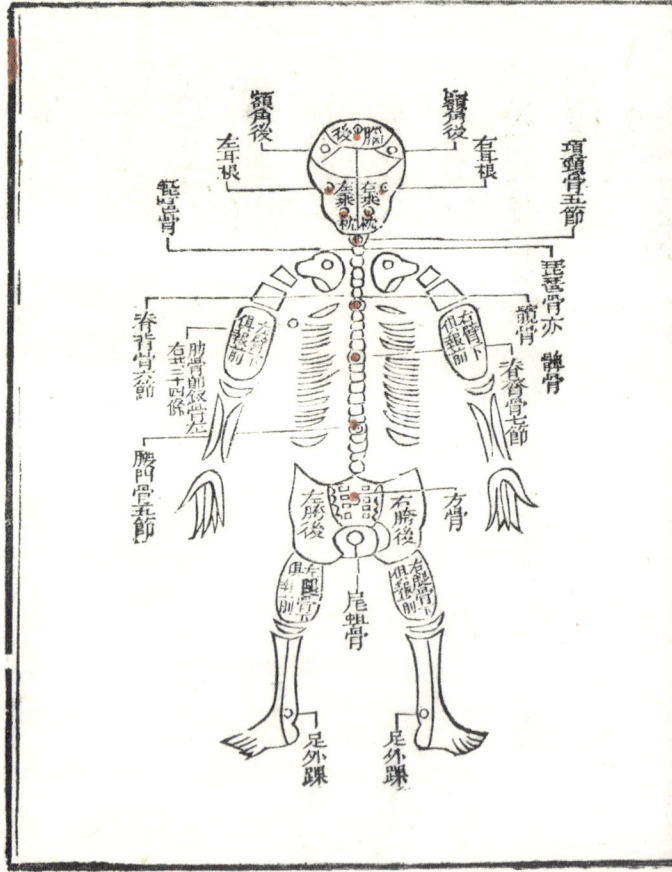

宋慈对犯罪现场骨骼的命名

仰面致命共十處，分左右則有十四處

頂心骨

鰓門骨

額顱骨

兩額角　左右

兩太陽　左右

兩耳竅　左右

嗓喉結喉骨

顋子骨即胸前三骨攢連有左右

心坎骨即藏心骨又名鳩尾骨

兩血盆骨　左右

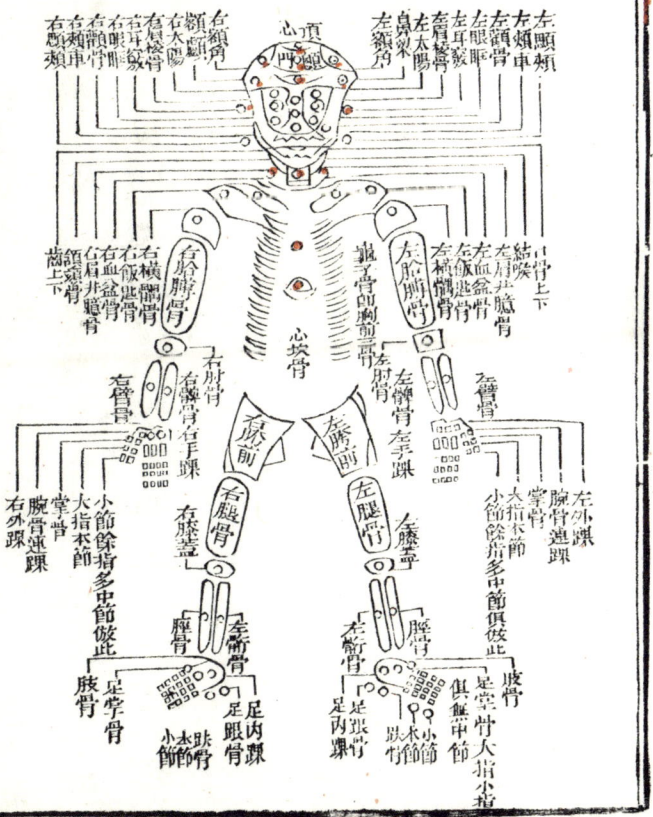

手册——《洗冤集录》。他也因此成为第一位被记录在案的法医昆虫学家。宋慈曾是南宋提点刑狱，在任期间，他曾亲临犯罪现场。他在书中详细描述了这些案件和所检查的尸体。

有一个案件讲述的是 1235 年发生在稻田附近的一起谋杀案。受害者很可能是被收割稻谷时常用的镰刀砍死的。但是，地里那么多人都会使用镰刀，如何才能找出凶手呢？该书英译版作者布莱恩·奈特（Brian Knight）写道：“当地的地方法官把所有有嫌疑的农民都召集到村里的广场上，一共十来个人，并让每个人都带上自己的镰刀。集合完毕后，地方法官命令所有嫌疑人将镰刀放在面前的地上，然后后退几步。”

据宋慈回忆，当时天气暖和，没过多久，就有呈亮绿色的苍蝇集中飞向其中一个镰刀。“这镰刀的主人变得非常紧张，没过一会儿，村里人就知道谁是凶手了。凶手羞愧地垂下了头并恳求宽恕，随后被带离了现场。”这些丽蝇是被粘在镰刀上的血迹和软组织吸引过来的。“在中国古代，地方法官会根据特定昆虫受人体组织吸引这一行为特征进行判案，从而伸张正义。”

这个案件非常有意思，《洗冤集录》也成了当时犯罪学家的犯罪调查宝典。马丁·霍尔挑出了里面的一段话，这段话让作为实习调查员的他深有感触，“不要被远处尸体的气味所吓倒，恰恰相反，此时应该直接面对”。我非常赞同“不要躲在窗帘后面，应直面困难”的说法。通过苍蝇破获的案件还有很多，“一个丝绸商贩在途中被抢劫杀害。一名退休警察被派去调查此案。两天后，调查人员发现一艘船，里面放有洗过的丝绸，上面围满了苍蝇。随后警察逮捕了船上的人。这些人最后坦白认罪，因为丝绸上有血迹。"

　　这些案件都发生在好几百年前，令人惊讶的是，欧洲直到19世纪才开始利用苍蝇破案。更令人惊讶的是，欧洲的画家和雕塑家早已将腐烂的尸体和蛆虫呈现在作品中，说明人们已经注意到了人类与苍蝇的这种亲密关系，尽管这种关系不那么讨喜。例如，中世纪的文献描绘了尸体上的蛆虫，包括以"尸骸之舞"为主题的木刻，而15世纪的油画则准确地描绘了由于蛆虫啃食，头骨变成骷髅，内脏器官萎缩。

　　卡尔·林奈于1758年在其不断更新的生物多样性著作《自然系统》第10版中首次提出了一种在法医学上更为重要的丽蝇。这种丽蝇为反吐丽蝇，林奈在第12版中添加了关于这种丽蝇食性的注释："Tres Muscæ consumunt cadaver Equi, æque cito ac Leo"，翻译成中文就是"三只苍蝇像狮子一样迅速吃掉一匹马的尸体"。

　　但正是在法国和德国，在新一轮城市规划和公共卫生的浪潮中，由于需要挖掘大规模墓地，医生在对尸体进行现场检验的过程中注意到尸体上的昆虫。19世纪初，科学家们已经知道某些昆虫会出现在腐烂的尸体上。现在，人们的兴趣转向了昆虫的演替问题，即昆虫出现在尸体上的可预测顺序。医生和法律调查人员开始研究哪些昆虫最先出现在尸体上，哪些出现在尸体上较晚，以及通过这些昆虫的生命周期推断出死亡时间。1855年，法国医院医生路易·弗朗索瓦·艾蒂安·贝热雷（Louis Francois Étienne Bergeret，1814—1893），又名贝热雷·达尔布瓦，率先将这种对苍蝇和尸体的新认识应用于婴儿死亡的案件中。发现尸体的是一对法

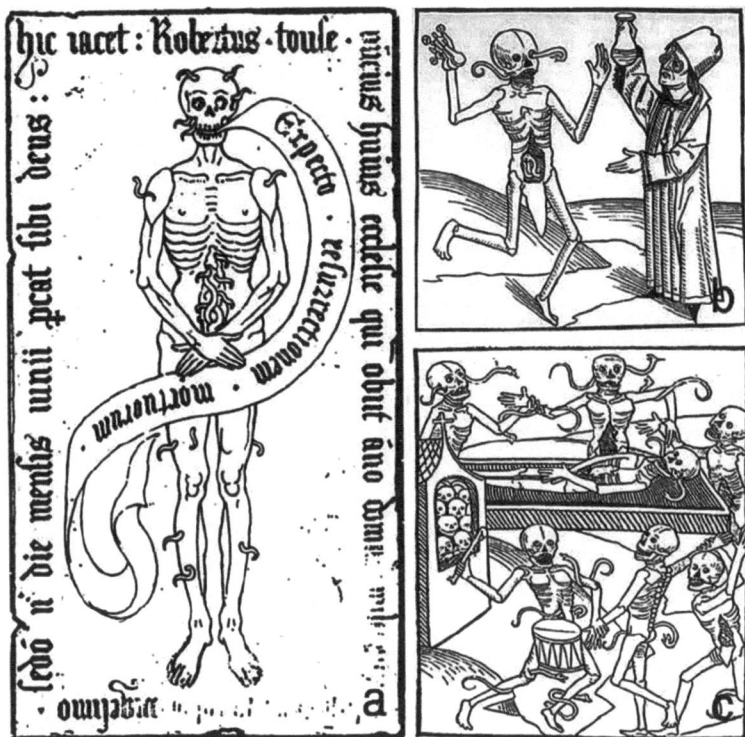

蛆虫啃食尸体的插画，尤其是眼睛、鼻子、耳朵和嘴巴，苍蝇往往会在这些部位产卵

国夫妇，当时他们正在对自己的新家进行装修。尽管这对夫妇刚买下这处房产不久，但他们还是立刻被警方作为怀疑对象。

贝热雷了解昆虫的生命周期及其在尸体上的繁殖情况。利用这些知识，他能够估算出从昆虫发现尸体到这对夫妇发现尸体之间的时间，即死后间隔（PMI）。1855年，他发表了一份具有分水岭意义的报告《杀婴，尸体自然木乃伊化。在一个烟囱里发现了一具木乃伊化的新生儿尸体。通过研究尸体中昆虫的若虫和幼虫以及对其

Vomito- 67. M. antennis plumatis pilofa, thorace nigro, abdomi-
ria.　　　ne cæruleo nitente. *Fn. fvec.* 1831. *
　　　　　　　　　　　　Rrrƒ　　　　　　　　　　　　*Scop,*

990　　　INSECTA DIPTERA. Mufca.

Scop. carn. 868. Mufca carnaria.
Gœd. inf. 1. *t.* 53. *Sv. Spy Fluga*
Lift. gœd. f. 122.
Raj. inf. 27.
Reaum. inf. 4. *t.* 19. *f.* 8.
　　　　　　　t. 24. *f.* 13, 15.
Geoffr. parif. 2. *p.* 524. *n.* 59.
Lyonet. leff. t. 1. *f.* 23, 27.
Habitat in Cadaveribus; *etiam* Americæ. *Kalm. Tres
Mufcæ confumunt cadaver Equi , æque cito, ac
Leo.*

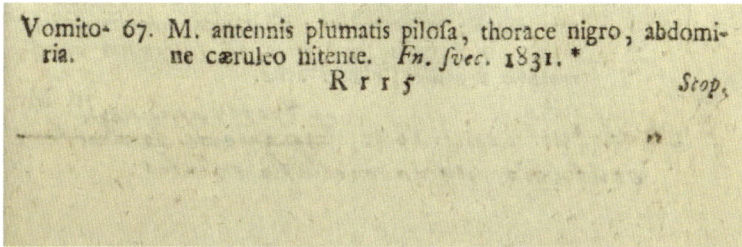

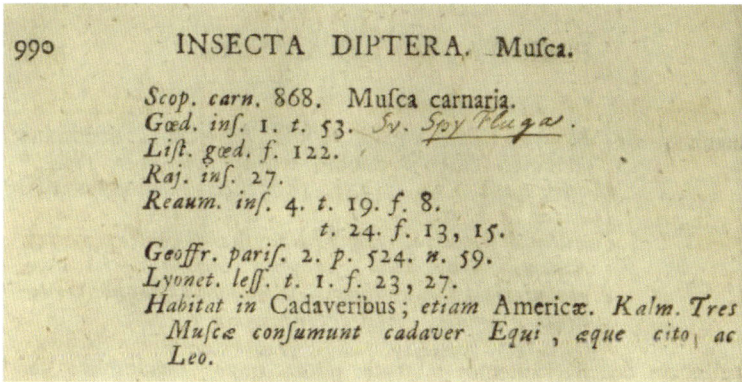

林奈在《自然系统》中对蓝瓶蝇食量的评述

变态情况确定出生时间》❶。这是现代法医昆虫学首次将PMI列入案
件报告。根据环境温度等具体情况，这可能表示的是实际死亡时间
或其他时间。贝热雷并不是完全正确的，毕竟他不是昆虫学家，只
是通过书籍大概知道一点。他认为蜕变需要一整年的时间，雌虫在
夏天产卵，第二年春天变成蛹（若虫），并在夏天变为成虫。昆虫
学在此案中可能只起了很小的作用，真正的关键在于尸体的木乃伊

---

❶ 原名是 "*Infanticide, momification naturelle du cadaver. Découverte du cadavre d'un enfant
nouveau-né dans une cheminée où il s'était momifié. Détermination de l'époque de la naissance
par la présence de nymphes et de larves d'insectes dans le cadaver, et par létude de leurs
metamorphoses*"。

化，但在计算时间的过程中仍然用到了昆虫学知识，从而帮助找到真凶。此案的凶手就是前租户，他们最终受到了法律的惩罚。

贝热雷非常有意思，他后来出版了《预防性障碍；婚内自慰》（*The Preventive obstacle; Conjugal Onanism*）一书，他在书中阐述了为什么除了生育外，出于任何其他原因进行性行为在道德上和生理上都是错误的。作为一名医生，他见过许多疾病和"功能障碍"，并将其与这种"退化"行为联系起来。但至少在法医学方面，他认识到了昆虫学的重要性；这一点没有问题。他的遗言是"我希望了解更多的法医学知识"。热爱法医昆虫学的不止贝热雷一人。让·皮埃尔·梅格宁（Jean Pierre Mégnin, 1828—1905）是法国军队的一名兽医，1894年他出版了《尸体动物群》（*The Founa of Cadavers*）一书。他曾在巴黎停尸房工作了15年时间，利用某次机会他对尸体上的昆虫进行了研究。通过计算每15天出现的活苍蝇和死苍蝇的数量，并将其与最初在尸体上的数量进行比较，梅格宁就能估算出死亡时间。他得出的结论是暴露在外的尸体会经历八次昆虫演替，而被掩埋的尸体则只会经历两次。《尸体动物群》一书的出版奠定了现代法医昆虫学的地位。

今天，法医昆虫学能够借鉴许多先驱研究人员、执法人员和法律代表的工作成果，特别是20世纪以来，他们一直努力为应用昆虫学帮助解决犯罪问题合法化在作斗争。随着法医昆虫学的发展，这项学科已被应用于意外和非正常死亡、凶杀、自杀以及考古学和古生物学。

目前，关于法医昆虫学的研究还在继续。盖尔·安德森（Gail

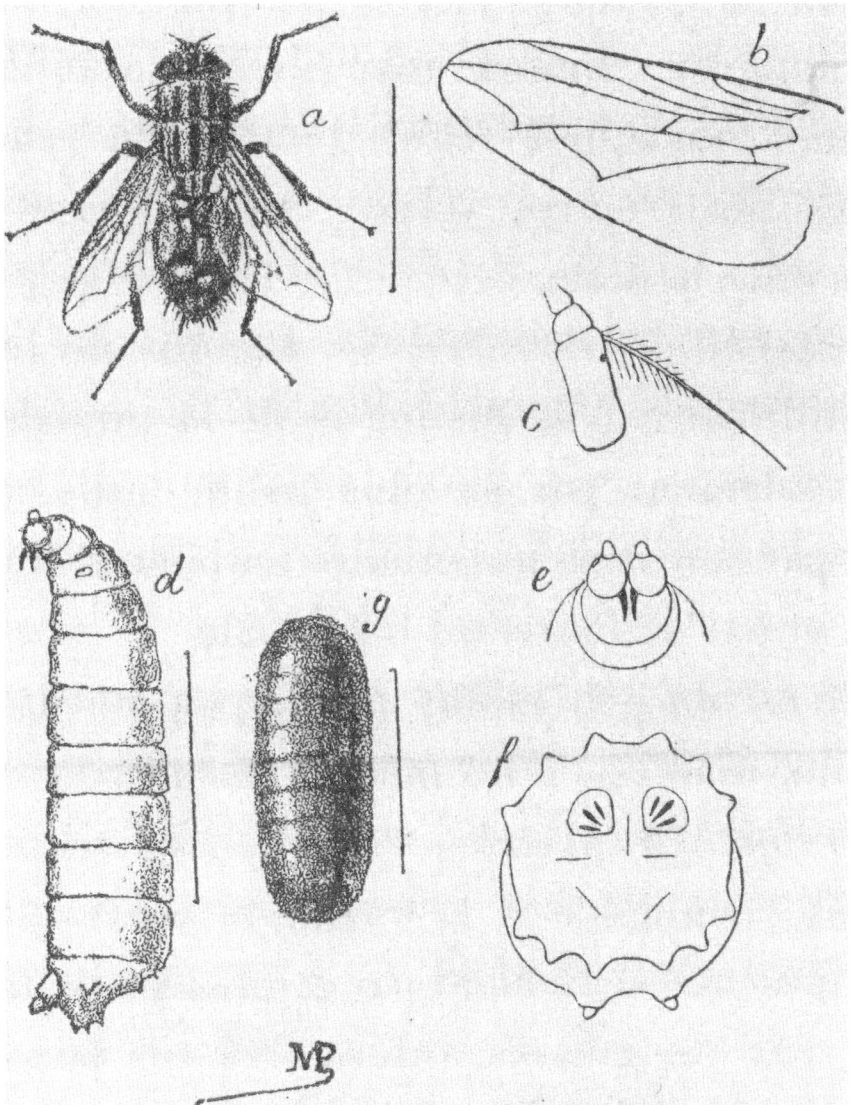

来自梅格宁的《尸体动物群》中的图像，该书被誉为现代法医昆虫学的奠基之作。图中展示了麻蝇（林奈，1758 年）的不同阶段（a，d 和 g）和幼虫口器（e）和肛门呼吸孔（f）的外部形态，以及成虫触角（c）和翅膀（b）

Anderson）博士于20世纪90年代成为加拿大第一位全职法医昆虫学家，现任不列颠哥伦比亚省西蒙弗雷泽大学犯罪学主任。她和她的学生及同事积极开展全职研究，同时还协助进行了许多刑事调查。她曾处理过一个要案，该案的破获不是因为得到了法医证据，其破获反倒是因为完全没有法医证据。被告克斯汀·洛巴托（Kirstin Lobato）在2001年被指采用残忍手段实施谋杀，包括肢解受害者的生殖器，最终因一级谋杀罪被判处40～100年监禁。该案错综复杂，司法错误层出，但安德森在重审中的重要发现是受害人身上没有看到蛆虫。

大家都知道，尸体暴露在外的部分很快会出现蛆虫。如果条件

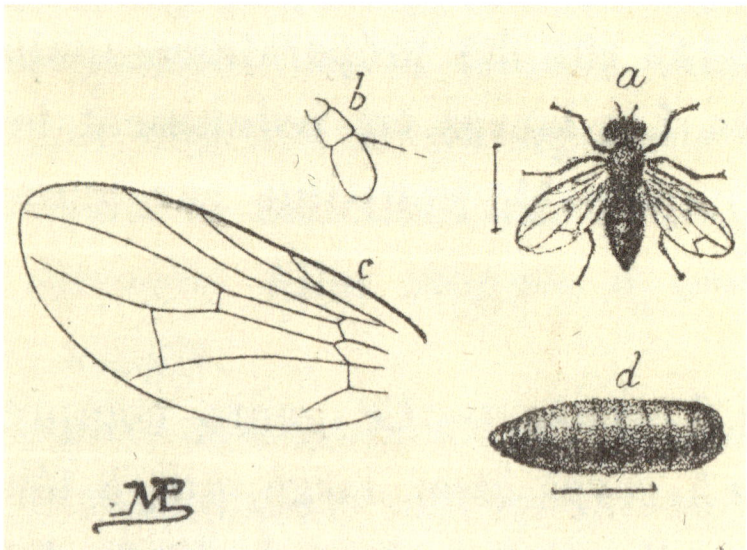

梅格宁的《尸体的动物》中黑蝇（柯蒂斯，1837）成虫、触角、翅膀和蛹，现称齿股蝇（维德曼，1818）

合适，成年雌蛆会在几分钟甚至几秒钟内出现，并在尸体上大量产卵。具体时间受气温、季节、衣着、地点以及当日时间影响。丽蝇和人类一样，都是在白天行动，它们会在夜间休息。好吧，和人类不太一样！尸体是在晚上10点被发现的，没有蛆的迹象，这就意味着没有苍蝇，也就是说谋杀也是在晚上发生的，而在这个时间段，洛巴托有确凿的不在场证明。得益于法医的细心观察，洛巴托在入狱16年后获释。

安德森强调说，通过法医昆虫学，我们还能确定尸体是否被移动过，因为从尸体的位置来看不可能出现苍蝇。如果伤口已不可见，我们可以利用昆虫来确定伤口的位置。如今，我们还可以利用DNA提取来确定蛆虫到底吃的是什么。当然，处理昆虫学数据实际相当复杂，并不像许多人想象的那样，只需要去研究昆虫本身就可以了。

要准确估计苍蝇从死亡到被发现的时间，需要确定的因素很多，包括环境温度、衣着、受伤程度等，所有这些都会影响苍蝇的生命周期和出现在尸体上的时间。如果尸体被掩埋，苍蝇就很难进入，从而推迟了出现蛆虫的时间。英国首次进行法医昆虫学测试是在1935年，那个具有里程碑意义的案件中，主角是巴克·鲁克斯顿（Buck Ruxton）博士，又名野蛮外科医生。他犯下了被称为"拼图谋杀"的双人谋杀案，若不是苍蝇"作证"，他差点就逃脱了法律制裁。

鲁克斯顿杀死了自己的妻子及其女佣，并试图利用自己所学的医学知识销毁法医证据。在杀人后，鲁克斯顿将他们的尸体肢解。

随后，鲁克斯顿开车来到苏格兰的莫法特，在那里，他把尸块从一座桥上扔下峡谷。不久之后，有两名妇女从镇上走过，当她们眺望加登霍姆林恩桥时，发现桥下有个包裹中伸出一个看起来像是腐烂手臂的物体。警方接到报警后，很快发现了很多高度腐烂的遗骸。

从莫法特采集的蛆虫现在被收藏在伦敦自然历史博物馆里，与成千上万罐保存完好的动物罐子放在一起。在茧形楼中，越往上走标本的体型越小，顶层就是昆虫收藏馆。这里有一个非常特别，我认为是最具历史意义的标本罐子，里面的蛆虫是从拉克斯顿受害者

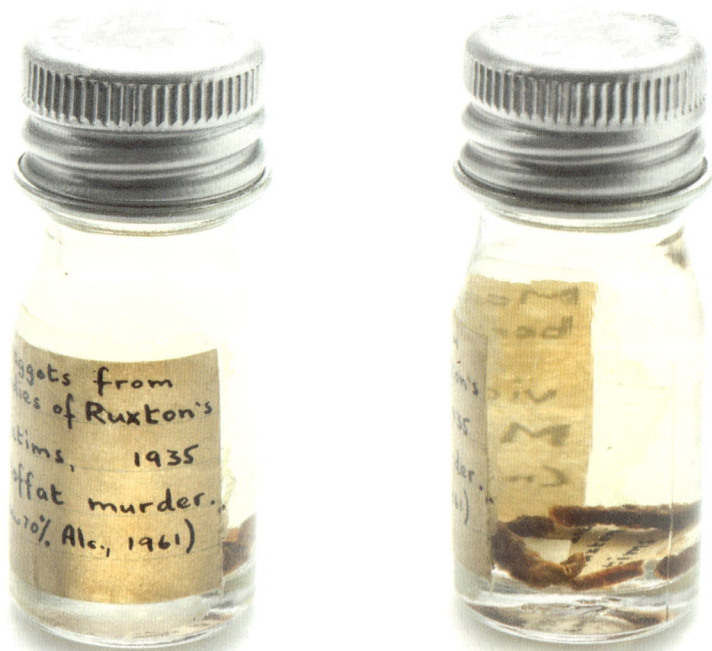

1935 年，鲁克斯顿受害者身上的蛆虫，收藏于伦敦自然历史博物馆

身上取出来的。

警方在尸块上发现了蛆虫，并将其送到苏格兰医生、公共卫生专家和法医昆虫学家亚历山大·高·梅恩斯（Alexander Gow Mearns，1903—1968）那里。他当时在格拉斯哥大学工作，一直在研究如何根据苍蝇幼虫的长度确定苍蝇的年龄。这些知识使梅恩斯能够估算出抛尸的时间。这与鲁克斯顿在该地区逗留的时间吻合，并且他儿子也在车上！蛆虫并没有在法庭上使用，但提供了初步证据，有助于确定事件发生的时间线。所有证据全部指向鲁克斯顿，在被定罪后，他随后因其罪恶行径被处以绞刑。

从这件事情之后，人们在世界各地的实验室和现场进行了一系列实验，以进一步了解昆虫在分解过程中以及在犯罪现场所起的作用。包括加拿大安德森在内的昆虫学家想要进一步提高PMI的可靠性，也就是从第一次接触苍蝇到发现尸体之间的时间，无论尸体是位于露天环境还是藏在汽车后备箱里。安德森在温哥华建立了一个"研究森林"专门调查汽车后备箱内的尸体。放有尸体的车辆停放在森林深处，当然，因为法律限制，做实验用的不是人的尸体，而是猪的尸体。

法医研究通常会采用猪，因为猪的大小和形状与人类相当，而且分解方式也类似。确实有一些对腐烂的人类和其他动物的尸体进行研究的设施，俗称"尸体农场"。这些设施最早在20世纪80年代末开始建立于美国田纳西州，类似的设施遍布美国、加拿大和澳大利亚，英国目前还没有类似的设施。

回到猪身上。尸体被放在车子后备箱中，这是加拿大处理人类尸体的常用方法，几天后，安德森检查尸体上是否有蛆。要了解蛆虫的发育情况，需要记录许多不同的环境因素，但一旦蛆虫进入这些未暴露在外的尸体，它们的发育速度就会比后备箱外面的蛆虫快得多，因为后备箱中舒适温暖的环境适于蛆虫生长。在安德森所做的实验中，除了一辆汽车外，其他汽车都是这种情况。在这个例外中，尸体的分解速度非常缓慢，一开始他们不知道为什么，之后他们发现是因为有保护性防火墙将后备箱与汽车其他部分隔开。因此，这种情况再次说明，必须注意可能影响蛆虫生命周期的所有因素。需要研究的藏尸环境不仅仅是汽车，曾经还有一具尸体是在洗碗机中发现的。

即使是最严密的环境，也有可能被丽蝇闯进来。伦敦自然历史博物馆的霍尔博士和他的学生普洛米·巴德拉（Poulomi Bhadra）与英国前法医科学服务处合作，处理了几起尸体被装进手提箱的案件。我们可以猜测，露天放置的尸体几分钟内就会有苍蝇飞来，但如果是放在手提箱里呢？对照实验表明，苍蝇不仅会在箱子周围产卵，还会将位于雌蝇身体后端的可伸缩产卵器穿过拉链的缝隙，直接将卵产在箱子里。虽然从死亡到产卵之间可能会有一点延迟，但这时间并不久，而且苍蝇仍然能够在尸体上寄居，即使看上去箱子是密封完好的。

这些研究大多集中在昆虫生命周期中的幼虫阶段，但之后的部分，即新一代成蝇出现之前的蛹期呢？现在人们还不清楚具体发生了什么，这对法医调查确实是个障碍。但我们现在可以对蛹进行年龄测定，而以前我们只知道从卵到幼虫之间需要多长时间。这是一个重大突破，因为这段时间占丽蝇生命周期的一半以上。期间，不透明的椭圆状蛹体内会发生巨大的身体变化。对我们来说，这只是一个棕色的蛹，在成虫出现之前，看不出任何变化，但我们现在知道，这段时间内各个组织都进行了重组。

计算机断层扫描（CT）利用X射线和计算机生成活体和死体的详细图像，但这里重要的是活体。就像扫描人体一样，我们可以使用一种微型计算机断层扫描仪来构建蛹内部的三维图像，此时蛹的成体部分已经开始逐渐成型。

丹尼尔·马丁·维加（Daniel Martin Vega）博士是开创这项技术的研究人员之一。早在2017年，伦敦自然历史博物馆的助理研究员、霍尔的合作者维加就发表了一篇论文，对他所说的"生命之舞"进行了可视化，他们想要看到红头丽蝇（罗比诺·德斯沃迪，Robineau-Desvoidy，1830）在相对时间较长的蛹化过程中发生了什么。他们从各个视角拍摄X射线图像，然后进行重建，以获得可从各个角度进行实际解剖的视觉样本。更重要的是，这种扫描方法提高了蛹的年龄精度，因此有助于确定尸体中出现苍蝇的时间。例如，可以看到幼虫在蛹体内的消化道发生的变化，从一个封闭的充气囊变成了一个长而弯曲的管道。这些形态上的差异是因为发育时间的不同，因此我们现在可以准确地确定蛹的年龄。事实证明，这种方法可以准确、可靠地估算丽蝇样本的年龄。

这种新技术的使用有助于促进昆虫学的应用。但是，我们在法医昆虫学知识方面的发展是走走停停的，而不是不断发展。事实上，我们所有的昆虫学知识都是如此。我们还有很多东西不知道。

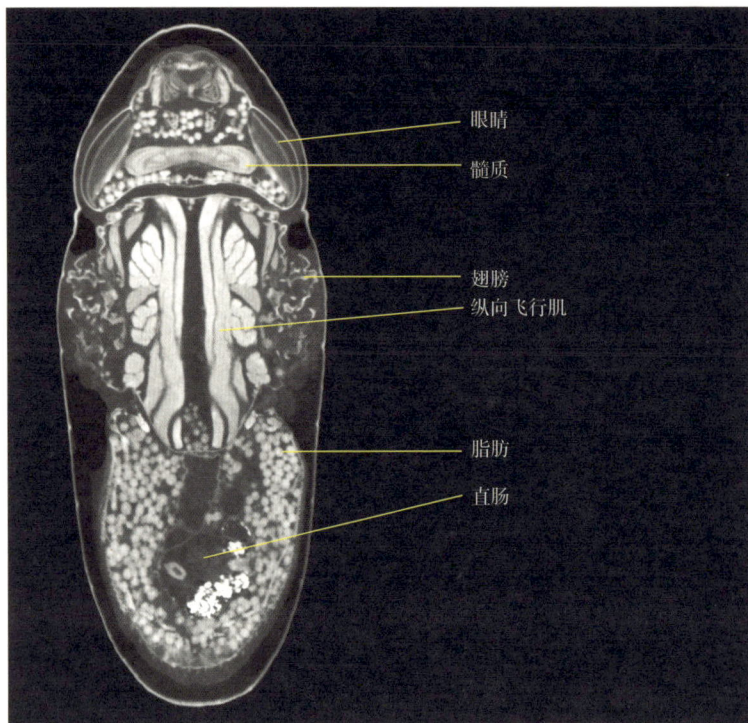

眼睛

髓质

翅膀

纵向飞行肌

脂肪

直肠

一只绿头苍蝇蛹的背侧显微 CT 扫描图像

　　安德森还记得，在她从事法医工作之初，警方曾打来电话，随口问到是否能对他们获得的"昆虫证据"做些什么，显然他们并未把这当回事。现在，由于媒体的推广，我们都知道昆虫在案件调查过程中有小侦探的作用，警察也更加重视法医昆虫学家的分析和意见。我们虽然还有很多东西需要学习，但可以确定的是，法医昆虫学有助于确定关键的"死后时间"，而法医昆虫学本身也将越来越重要。

因此，下次当你坐在花园里，手持酒杯，无意中看到一只昆虫破蛹而出时，请花点时间思考一下这个过程，说不准你也能受到启发并有新的发现。

伦敦自然历史博物馆收藏的众多大闪蝶之一，这只闪蝶已经有将近 100 年的历史了，但光彩依旧

自然之美

一只美丽的蝴蝶从阴暗处飞向树荫，

犹如画一般；兴奋地向它追去；

只见其飞到视野之外，消失在灌木丛中；

失望之际，它又突然出现在眼前。

——玛格丽特·芳汀（1893）

昆虫即使死去多年，其身上斑斓绚丽的色彩，包括蝴蝶翅膀上的花色，仍可给人带来极大的视觉享受。在自然历史博物馆的藏品中，有 抽屉的蝴蝶，翅膀色彩鲜艳，似乎是昨天刚采集的一样。其中许多都有几十年的历史了，但这些蝴蝶翅膀上的颜色仍然光彩依旧，艳丽得不太真实，让人不禁想知道它们是如何保持青春的。一直以来，生物学家们一直在争论这些绚丽色彩的确切用途，以及它们为何在自然界如此普遍，是伪装、引诱还是警告？现代技术能否复制这种鲜艳的色彩，生产出环保耐用的人造颜料？

当色彩鲜艳的蝴蝶在树篱或花坛间飞舞时，我们都会忍不住去多看两眼，它们或是在采蜜，或是在吸引配偶。喜欢鳞翅目昆虫的人绝非少数，在所有昆虫中，人们收藏最多的是"蝴蝶"。我用引号标出蝴蝶一词，是因为许多外行人都分不清哪些是昆虫。鳞翅目昆虫由蝴蝶和飞蛾组成，分类学之父卡尔·林奈在1746年出版的《瑞典动物群》（*Fauna Svecica*）一书中首次使用该术语，这个词源自希腊语*Lepidos*和*ptera*，意为"鳞翅"。所有昆虫的目名称都是希腊语。我母亲学过希腊语和拉丁语，有一次我给她念这些名字时，她能猜出我说的是什么昆虫，这些对她来说一窍不通，但她能听懂！鳞翅目含有140多个科，与所有昆虫一样，分类学家仍在努力对它们进行分类。不过，在已知的180 000个物种中，大多数（近99%）属于双孔次目（Ditrysia），这个词源于雌性生殖器名称。下面这句话我不常说！双孔次目下雌性昆虫的生殖器与众不同，因为它们有两个独立的性器官，一个用于交配，一个用于产卵，这就是名字里面"双"的由来。蝴蝶就属于这类昆虫。

　　大家对蝴蝶的认识可能来自小时候学到的知识，蝴蝶色彩斑斓，白天活动；飞蛾色彩单调，夜间活动；蝴蝶停住时翅膀收拢，飞蛾停住时翅膀摊开向下。如果你了解的比较多，可能还会听说飞蛾有棍棒状的触角，而蝴蝶没有。其实有很多种类并非如此！例如，最初有两个总科，即锚纹蛾总科（旧大陆蝶蛾科）和喜蝶总科，喜蝶总科下只包含喜蝶科（新大陆蝶蛾科或蝶蛾科）。这两个总科都包含许多在我们的简单分类中看起来既像蛾又像蝶的物种，但只有蝶蛾科包含真正的蝴蝶。

　　事实上，还有凤蝶总科，这个总科也包含了真正的蝴蝶，现在已将喜蝶科纳入其中。实际上，它们都应该被称作蛾类，因为这个总科确实位于"蛾类"支系中，但如果这样分类我猜会有很多人有

蝴蝶还是飞蛾？令人惊讶的是这些全都是飞蛾

意见。凤蝶总科包括7个科超过18 500个物种，分别是凤蝶科、喜蝶科、弄蝶科、粉蝶科、蚬蝶科、灰蝶科和蛱蝶科。几个世纪来，正是这些科的物种吸引着科学家和博物学家。

　　人们开始养成收集蝴蝶的习惯是从英国维多利亚时代（19世纪中叶）开始的。那时候喜欢收集蝴蝶的大多数是留着大胡子的男性，但其中有一位具有冒险精神的女性昆虫学家玛格丽特·芳汀（Margaret Fountaine，1862—1940），她对所有的蝴蝶，或者用她自己的话说"昼行性鳞翅目昆虫"都情有独钟。芳汀将自己对蝴蝶的浓厚兴趣化为行动，这位无畏的昆虫学家走遍各地收集标本，

一种现已绝迹的蝴蝶——斯隆凤蝶（克莱默，1779）

她拥有全英国最大最全的蝴蝶收藏之一。

　　芳汀是玛丽·伊莎贝拉·李（Mary Isabella Lee）和约翰·芳汀（John Fountaine）牧师的第二个孩子，也是家中长女，他们的八个孩子分别是约翰（John）、玛格丽特（Margaret）、雷切尔（Rachel）、伊芙琳（Evelyn）、杰拉尔丁（Geraldine）、阿瑟（Arthur）、康斯坦茨（Constance）和弗洛伦斯（Florence）。他们的父亲约翰·芳汀牧师在1877年去世，当时他们年龄都还尚小。1878年4月15日，由于父亲的过世，年仅16岁的玛格丽特不得不搬到诺维奇。她把这些都写进了日记，她晚年在日记里记录有关蝴

汉斯斯隆收藏的牙买加蝴蝶

蝶的所见所闻也成了她留给后人珍贵的遗产之一。芳汀在搬家当天的日记结尾写道："1878年4月15日我是这样过的，我待过364天的地方，再见。"人们知道这些事情要晚一些，因为直到100多年后芳汀的日记才被公开。

搬去诺维奇后芳汀经常去大教堂写生、参观植物园、欣赏家族朋友亨利·约翰·埃尔维斯（Henry John Elwes，1846—1922）收藏的蝴蝶。埃尔维斯最终收集了3万只蝴蝶标本，现收藏于伦敦自然历史博物馆。根据日记记录，芳汀在这段时间谈了几次恋爱。她的第二篇日记是在第一篇日记的一年后写的，这一天是芳汀的幸运日，所有孩子都有一个与生日不同的幸运日，这也是一篇告白日记。到1883年，芳汀已经多次坠入爱河，她写道，她的医生穆里尔先生说"伊芙琳和我都有一种偏执，那就是容易陷入爱情"。虽然她也写到了自己对绘画的热爱，但在这些早期的文字记录中，还没有提到她一生中真正的挚爱。

芳汀对她母亲没什么好感，她认为她母亲过于严厉，而且总是制造麻烦。据说，她母亲的生活一直很"憋屈"，她出生在牧师家庭，后来嫁给了一个牧师，之后一直在生儿育女！她母亲家有13个兄弟姐妹，父亲家有10个兄弟姐妹。在父亲去世后，正是这些叔叔阿姨们在经济上照顾着孩子们，其中有两位尤为重要。

1886年6月，芳汀的叔叔约翰·贝内特·劳斯爵士（John Bennet Lawes，1841—1900）赚了一笔大钱，芳汀从此得到了财富自由。劳斯后来与芳汀的姨妈卡罗琳（Caroline）结了婚，他是一位具有科学头脑的土地主，也就是我们现在所说的农业科学家。劳斯在赫特福德郡的罗斯坦斯特德长大，这个英国村庄后来成了农业科学的代名词。他通过对植物、肥料以及自制肥料的研究，建造了罗斯坦斯特德试验站（the Rothamsted Experimental station）。1842年，劳斯获得了第一项人工肥料专利，并在赫特福德建造了英国甚至是全世界第一家人工肥料制造厂，之后钱便源源不断地流入了他的口袋！劳斯还说服了芳汀的另一位叔叔爱德华·李·华纳（Edward Lee Warner）进行投资，并将部分赚来的钱留给了自己的侄女。芳汀曾说，有了这笔钱，自己可以想做什么就做什么了，可以追求自己热爱的事物了。1891年，芳汀和她的妹妹弗洛伦斯第一次从英国来到瑞士，她对蝴蝶的热爱也由此开始。

　　"我经常在圣让度过下午时光，在那儿和一个英国女孩出去追蝴蝶，从那以后，捉蝴蝶就成了我最大的爱好。我的口袋里装满了蝴蝶，有些蝴蝶我只是小时候在照片上见过，但当我看到它们展翅飞翔的那一刻，立刻就认出来了。多年前，当我用渴望的目光看着印有虎斑玳瑁凤蝶或坎伯韦尔美人蝶的图板时，怎么也想不到有朝一日能在瑞士的山谷中亲自看到这两种蝴蝶，并制作成标本。我生来就是个博物学家，只是这些年来没有被激发出来罢了。"

——日内瓦，1891年。

　　在接下来的50年里，芳汀为了追寻自己对艺术、音乐和蝴蝶的热爱，独自一人周游世界，前往六大洲60个国家搜集标本，这在那个年代是不可思议的举动。芳汀收藏的两万多只蝴蝶现收藏在诺福克博物馆（Norfolk Museums）服务部下属的诺维奇城堡博物馆（Norwich castle Museum），大卫·沃特豪斯（David

Waterhouse）博士曾在该博物馆担任自然史和地质学的高级馆长。顺便提一下，沃特豪斯和他的传奇前任托尼·厄温（Tony Urwin）博士曾擒获了一名试图从博物馆偷走犀牛角的小偷，他们是这里的英雄。千万别惹博物馆馆长！

　　沃特豪斯也是被芳汀深深迷住的众多男士之一，或者说是被她的收藏吸引？芳汀的蝴蝶收藏是1825年博物馆成立时首批纳入的蝴蝶之一，而且数量巨大，共有22 000只，是芳汀在近50年间从世界各地收集而来的。沃特豪斯写道，芳汀本想把这些蝴蝶送往伦

玛格丽特·芳汀的大闪蝶

敦自然历史博物馆，但在听说收藏将被拆散后，她便决定将这些蝴蝶赠给诺维奇城堡博物馆。

在我参观诺维奇城堡博物馆时，沃特豪斯拿出了一些大闪蝶，因为这些蝴蝶不仅是南美洲最美丽的彩蝶，也是他的最爱。有几只确实是我所见过的最完美的标本，翅膀没有破损或撕裂，腿没有缺失，也没有被捕捉时的凌乱感。这是因为芳汀发现，研究清楚这些蝴蝶的生命周期之后，通过自己饲养就能保证他们完整。因此，她一般会收集雌性毛毛虫，再将它们的卵养大，差不多要饲养100条毛毛虫，从中挑选出最完美的成虫并钉在针上，然后将其余的蝴蝶放生。这就是早期的一位环境保护主义者！

芳汀将她的所见所闻用随身携带的日记本记录了下来，共有

玛格丽特·芳汀的十二本布面日记之一

12本，都是布面装订，和他的蝴蝶收藏一起用容器密封好。从这些日记中可以看出，芳汀虽然是一位严肃的科学家，但富有生活情趣。在与男性交往时，她的身份是蝴蝶，而不是收藏家。其中有骑自行车穿越法国的记述，也有她与8位西班牙年轻人一起驾驶汽车穿越特内里费岛的记述。她曾加入了一伙强盗，和他们一起乘船前往古巴和智利。

芳汀在科西嘉岛上认识了一位名叫斯丹顿（Standen）的男士，他是6个女儿的父亲，但一到田间地头，他就像小学生一样手持捕蝶网，一副精神抖擞的模样。还有一位收集甲虫的钱皮恩（Champion）先生，以及琼斯兄弟（Jones），蝴蝶捕杀者弗莱·琼斯（Fly Jones）和潘·琼斯（Paint Jones），他的科西嘉风景水彩素描栩栩如生，和他本人一样充满了自负，无疑是一种高度的赞誉。她母亲会怎么说呢？她的许多冒险和遭遇记述都被封存在一个箱子里，并明确指出100年内不得打开。你能想象1978年打开这些神秘日记时的激动心情吗？

沃特豪斯虽然不在开箱现场，但他读过这些作品，并讲述了芳汀对诺维奇大教堂首席合唱团长塞普提米乌斯·休斯顿（Septimius Houston）的迷恋。沃特豪斯说道，"她会跟踪他"。她是强迫症患者，这种情况持续了很多年，她对男人、唱歌、旅行，当然还有自然世界都充满了兴趣。有趣的是，正是在1901年从大马士革车站出发的路上开启了"革命之路"。因为就在那时，她在下榻的酒店遇到了来自叙利亚的阿拉伯语翻译兼导游哈利勒·尼米（Khalil Neimy）。芳汀最初对这个人的描述非常有趣，这个人多年来一直在为她做事，也是她的挚爱之一："我很快就发现他是个可怕的骗子，但我觉得他会非常有用"。尼米希望和芳汀结婚，但他当时已经结婚了。当芳汀发现时，她已经答应了求婚，连订婚戒指都是

玛格丽特·芳汀在收集她心爱的蝴蝶

假的！就这样，在短暂分开之后，他们又在一起了。期间，她定期返回英国，处理她的家事、整理日记和她最重要的标本。

在整理研究收藏的过程中，芳汀对蝴蝶有了更多的思考，并注意到大自然的奇妙，与吸收和反射特定波长光线的颜料不同，大闪蝶翅膀上的鳞片能产生光线衍射，从而形成闪光效果和色调变化。从不同角度观察，时而色彩饱满，时而又近乎隐形，大闪蝶因此而得名，甚至在死后也光彩不减。

这也是大闪蝶让人着迷的原因，与翅膀边缘的黑色不同，绚蓝色部分并非颜料着色。如果把大闪蝶标本放在阳光下暴晒，黑色部分会褪色，但蓝色不会。这是为什么呢？这是因为其蓝色是一种结构色，这个部分实际上是表面上的小凸起，有时被称为乳头。罗伯特·胡克在1665年出版的《显微图谱》中首次提到这些结构，其中第36项观察是关于"孔雀、鸭子和其他变色羽毛"。"通过显微镜观察，这种光彩夺目的鸟类羽毛的各个部分看起来并不比整根羽毛逊色，因为肉眼可以看出，每根尾部羽毛的茎都会向侧面发散……因此，显微镜下的每根羽毛都自成一体，由多个明亮的反射部分组成。"

胡克接着写道，这种结构色让外观更加立体，而这颜色是由"反射和折射"产生的。虽然艾萨克·牛顿（Isaac Newton，1642—1727）在1704年就提出了光是由粒子组成的观点，即光的粒子理论，或者他称为的"光的微粒理论"。直到1801年，托马斯·杨（Thomas Young，1773—1829）才确定光是一种波，物体形状的变化会改变射向物体的波，从而产生干涉图案。

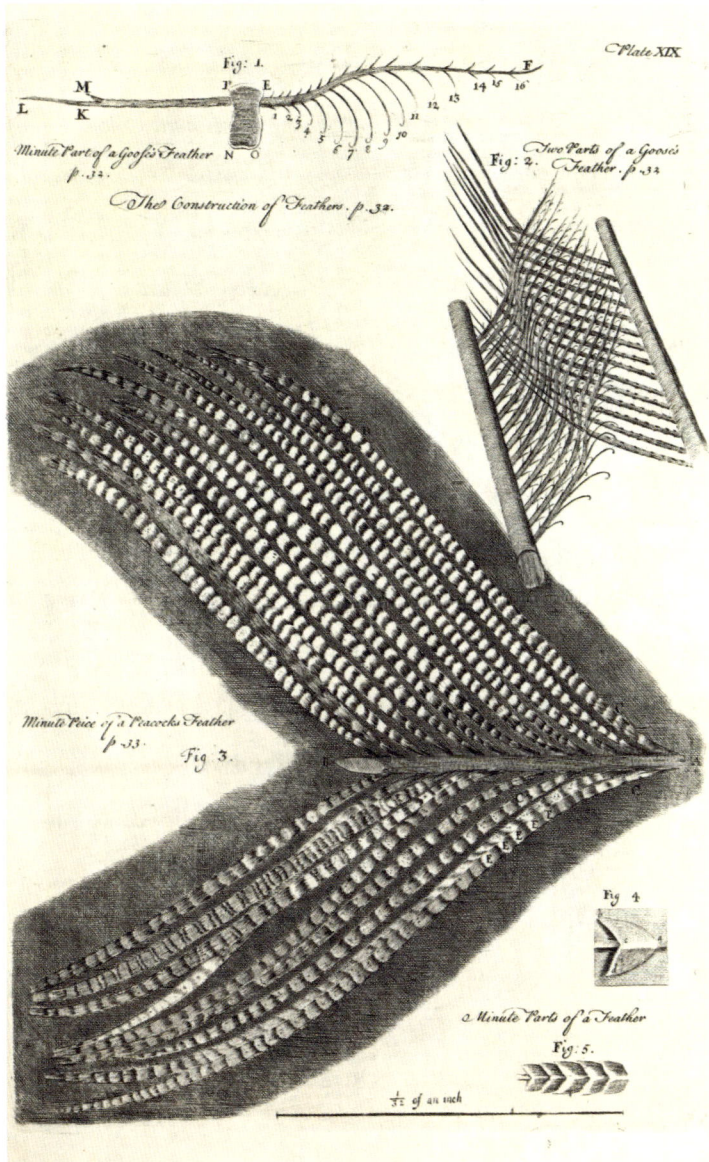

罗伯特·胡克在《显微图谱》中绘制的鸟类羽毛

在此后100年，关于动物图案和着色方面的理论五花八门，英国动物学家弗兰克·埃弗斯·贝达德（Frank Evers Beddard，1858—1925）在1892年出版的《动物颜色》（*Animal Coloration*）一书中，以通俗易懂的方式总结了相关知识。次年，有篇关于这本书的评论指出，许多"肤浅的作家和……无辨别能力的大众"容易轻信理论，而贝达德却不是这样，他从性选择、模仿和防御的角度，对动物色素和机械颜色的功能进行了研究。博物馆收藏的许多动物都色彩艳丽，鲜艳的颜色通常被认为是进化过程中的一种权衡，可以用来吸引配偶，但也可能引来捕食者。当然还有其他因素。

19世纪末，美国著名艺术家、博物学家和自由思想家阿伯特·汉德森·塞耶（Abbot Handerson Thayer，1849—1921）提出，在自然环境中，这些炫目的色彩可以起到伪装的作用。塞耶还是一位出色的画家，周围所有事物都逃不过他的画笔，从自己的孩子肖像到他热爱的动物和风景。他还是一位杰出的颜料技师，也是美国公认的色彩理论大师，该理论是在慕尼黑和巴黎发展起来的，探讨的是不同色彩所具有的不同色相、色度、色彩强度，以及不同色彩叠加在一起时的增强或减弱效果。

由于对艺术和自然的深深痴迷，塞耶发表了一篇长达6页的文章，题为《保护色背后的定律》（*The Law Which Underlies Protective Coloration*），他在文中阐述"一条美丽的自然定律，据我所知，这条定律此前在任何书中都未曾提出过。这是动物颜色的渐变定律，除了那些被称为拟态的现象外，大多数保护色都遵循此定律。"在这种保护性或防御性的色彩中，动物或植物看起来色彩鲜艳，但它们却透过这种色彩隐藏了起来，在塞耶的脑海中，这背后一定隐藏着更加奇妙的奥秘。

塞耶意识到动物可以"消失"，而且绚丽多变或金属色是动物"隐身"的关键所在。他坚信，虹彩应被归类为动物界的一种伪装策略。但是，如此绚丽多变的颜色是如何帮助动物隐身的呢？塞耶认为，这种几乎反直觉的效果是通过光的色调来实现的，光的色调可使动物轮廓变得扁平，并扭曲外部形状，从而将动物隐藏起来。1909年，他新发现的定律（谁不想发现一条定律呢？）指出，动物不会通过伪装成其他东西（比如树枝）来躲藏，而是希望"完全消失"。难以想象！

塞耶定律包括两个原则，第一个是湮没式反射伪装，即动物的阴影底部与上部区域的对比度相等，从而掩盖了其自身的阴影；第二个是破坏性图案，即用强烈的任意色彩图案打破轮廓，使动物要么消失，要么形状扭曲。塞耶用一些粗略的图表和从各个角度拍摄的灌木丛中的死鸟照片说明了这一点。他鼓励读者在家里自己尝试一下。"我不知道该如何向邻居解释我在做什么。"同年晚些时候，他的第二部作品出版。这一次，塞耶雕刻了丘鹬大小的蛋（44毫米×31毫米），并用松鸡和野兔的颜色给它们上色，然后把这些蛋放在灌木丛中。"现在到了我最喜欢的部分。"然后，他"叫来了一位博物学家"，即使"告诉他去哪里找"，他也没有找到这些色彩分级的蛋。他甚至在一些蛋上画上了亮点，在博物学家看来，这些亮点只是风景的一部分。

塞耶在美国和欧洲各地，包括牛津霍普自然历史博物馆、剑桥

塞耶的鸭子，与环境融为一体。左边的鸭子可见，而右边的鸭子由于其保护色几乎看不见

动物学博物馆和伦敦自然历史博物馆举办了大型公开演示会，展示他的观察结果。为了突出效果，他使用了各种模型。1896年11月，他来到美国哈佛大学比较动物学博物馆，以红薯为模型向人们介绍了他的新定律！自达尔文的《物种起源》于1859年出版以来，关于动物颜色的争论就一直没有停止过，他的观点为这场争论又增添了一笔。达尔文和理论家阿尔弗雷德·拉塞尔·华莱士在动物着色的问题上观点不一，但塞耶可以将自己的绘画知识和博物学知识结合起来。"快照"的发明对他帮助很大。在这个即时媒体时代，我们几乎没有考虑过这些可以放在口袋里的小巧而功能强大的相机，但这种新技术取代了早期的相机，因为早期的相机体积庞大、笨重，需要小心处理化学物质才能生成图像，而且耗费时间。有了快照，塞耶就能在野外拍摄动物图像时马上看到它们在自然环境中的样子。

塞耶的这一新定律，即动物身上的颜色可以让动物"消失"，引起了广泛关注。塞耶的儿子杰拉尔德（Gerald）在他们于1909年共同出版的《动物王国中的隐藏着色》（*Concealing-Coloration in the Animal Kingdom*）一书的序言中指出，这个定律受到了广泛支持，尤其是在英国。塞耶甚至创造了一种能混淆人体轮廓的花布，并写信给美国海军，建议将这种伪装用在军舰上，但最终未能说服他们［顺便提一句，1917年，英国海景画家诺曼·威尔金森（Norman Wilkinson）设计了伪装涂漆，以保护英国海军免受德国 U 型潜艇的攻击］。但塞耶的理论仍然饱受争议。许多科学家对塞耶质疑，他们认为，动物们显眼的着色也是为了让自己被看见，以警告捕食者或吸引潜在的配偶。他们尤其反感塞耶坚持的这个理论适用于整个动物界的说法。

塞耶最有名的反对者是喜欢狩猎大型动物的美国总统特迪·罗斯福（Teddy Roosevelt），他公开嘲笑塞耶的观点。罗斯福根据自己的经验，知道非洲草原上的斑马和长颈鹿在数公里之外就清晰可见。罗斯福写道："如果你真的希望了解真相，你就会意识到，你的立场简直毫无道理。"直到1940年，英国著名博物学家休·B.科特（Hugh B Cott）出版了《动物的适应性着色》（*Adaptive Coloration in Animals*）一书，塞耶的湮没式反射伪装定律才被正式接受。科特在批评塞耶过于热衷于将所有动物的着色解释为伪装的同时，也大力支持这种着色在特定情况下是自我伪装的说法。

虽然人们对塞耶定律仍有疑问，但许多动物学家都默默地接受了这一观点。英国布里斯托尔大学的卡琳·凯恩斯莫（Karin Kjernsmo）博士是一位行为和进化生态学家，也是卡莫实验室的研究员，她很想弄清动物是如何利用颜色和图案来躲避捕食者的。她认为，我们在动物的非生殖生命阶段就能发现其身上的虹彩色，这就是支持塞耶最有说服力的证据。许多昆虫的成虫和幼虫都有虹彩色。

蛴螬和蝶蛹等幼虫没有性生殖能力，因此它们不会用花哨的图案和华丽的色彩向异性炫耀。幼虫只有一件事要做，那就是吃东西，同时避免被吃掉。从各个方面来讲，幼虫都是最不设防的，许多幼虫一动不动，因此它们必须伪装自己，采用塞耶所说的策略，"动物通过身上的虹彩色，将自己融入环境中"。塞耶似乎走在了时代的前列，他不仅提出了最好的伪装是用绚丽的色彩迷惑对方，还提出了这种结构性色彩的产生方式。

他的理论发表至今已有一个多世纪，但支持这些理论的证据直到最近才出现，这也要归功于成像技术的进步，这次是电子显微镜。甲虫等昆虫中最常见的虹彩形式是多层虹彩。前文提到外骨骼是由多层甲壳素组成。凯恩斯莫解释说，当白光穿过这些甲壳素时，不同大小的波段要么被反射，要么被抵消，这取决于这些甲壳素之间的间距。我们和其他动物一样，只能感受到特定波长的光。阳光是各种波长或颜色的混合体，最终形成白光。但当白光照射到一个物体上时，会被分散成不同的波长，这些波要么被吸收，要么被发射。因此，正是动物身上的这些结构决定了我们能看到的颜色。我们在甲虫身上看到的颜色取决于各层甲壳素之间的间隔。

凯恩斯莫观察了亚洲珠宝甲虫（桑德斯，Saunders，1866）的翅鞘，进一步探讨了为什么有些动物会有如此炫目的色彩。宝石甲虫（吉丁甲科）的名字非常贴切，这种动物在世界各地都曾被用作珠宝。英国维多利亚时代的女性，由于她们对时尚的追求，导致数以百万计的珠宝甲虫被杀。当时的女性对这些彩虹般的昆虫非常狂热，长袍上也会绣着翅鞘，以至于《笨拙》（*Puneh*）杂志

亚洲珠宝甲虫的虹彩色可以帮助它躲避捕食者

创造了很多甲虫漫画形象。为了与塞耶的实验工作保持一致，凯恩斯莫将甲虫翅鞘放在不同颜色、光泽和背景的植物上。她会首先观察是否有鸟飞向甲虫翅鞘。然后让一名博物学家，也可能是一名学生研究能否找到翅鞘。如果都没有发现翅鞘，那么这就是伪装。但如果人类发现了翅鞘，而鸟没有发现，那么可能这就是警戒色，让鸟望而却步了。而实验中他们都没有发现翅鞘，并且旁边植物叶子发出的光泽进一步起到了隐藏作用。

芳汀一直觉得用鲜艳的色彩阻止捕食者这种反直觉的想法很有意思。她为许多色彩斑斓的昆虫的生命周期绘制了插图，这些插图现在存放在伦敦自然历史博物馆的善本室中，由特别收藏部经理安德烈娅·哈特（Andrea Hart）负责管理。芳汀意识到这种结构色彩

《笨拙》杂志 1870 年 4 月 2 日和 1869 年 10 月 16 日的插图

可能会对捕食者产生特别的视觉效果，于是她利用各种日常用品在纸上模拟出同样的效果。哈特发现芳汀在绘制蝶蛹的插图时使用了香烟盒里的锡纸。和凯恩斯莫所做的现场实验一样，在与蝶蛹一起绘制的寄主植物图中，可以看到植物的颜色和结构是如何隐藏静态动物的。

这种独特的、具有欺骗性的虹彩色特性，以及自然界中其他最令人惊叹的色彩，吸引了除昆虫学家以外更多的关注。30多年来，英国牛津大学格林坦普尔顿学院客座研究员、生物工程师安德鲁·帕克（Andrew Parker）教授一直在努力重现大闪蝶翼胞的炫目特性，为各种商业产品生成极具冲击力的色调，例如制造让汽车或衣服永不褪色的涂料。帕克领导着一个研究光子结构和眼睛的研究团队，他在2006年出版的《七种致命颜色：大自然调色板的奥秘及其如何迷惑达尔文的眼睛》（*Seven Deadly Colours: The Genius of Nature's palette and How it Eluded Darwin*）一书中讨论了自然界是如何产生颜色的，以及人类怎样能够复制这种颜色。

帕克早期尝试在实验室中培养蝴蝶组织，以重现自然虹彩。他从蝶蛹中提取了发育成翅鳞的细胞，希望在营养充足的情况下，每个细胞都能产生成千上万的鳞片。然后，他就可以用虹吸管吸走鳞片，并将其放入透明的液体中，例如颜料等，而鳞片则可以为颜料提供虹彩色。但在将细胞转化为鳞片的过程中，原始细胞总是丢失，产量也过低，一个细胞只能产生一块鳞片！

最近，帕克进入了高科技机械工程领域，成立了一家公司，该公司主要生产极薄的分层薄片，他称为纯结构色彩，这种共振色彩

MF

75. Larva of
Mechanitis
Isthmia on a
leaf of Solanum
Aculeatissimum.
Bred from
Ovum, laid by
wild ♀. —
Limon, Costa Rica.
April 17: 1911. —

7.
F.
Nig
(not
full
Bred
from
laid by w
Limon, C
Rica. Ma

75. Pupa of
Mechanitis
Isthmia. —
Limon, Costa Rica.
April 26: 1911. —

79. Pupa of Pieris
Elodia. Cartago,
Costa Rica. —
June 9: 1911. —

80. Full grown Larva of
Tithorea Pinthias. Bre
from Ovum laid by wild
Guapiles, Costa Rica.
May 29: 1911. —

玛格丽特·芳汀笔记本中关于圣歌女神裙绡蝶（*Mechanitis polymnia*，林奈，1758）
金属蛹外壳的描述

26.

78: Pupa of Caldenis
Phaerusa. Bred
from ovum
laid by wild ♀ -
Guapiles, Costa
Rica.
May 27: 1911.

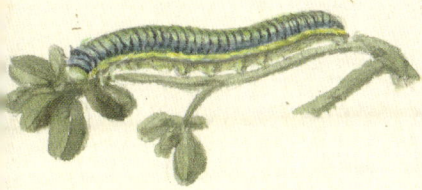

77. Larva of
Callidryas Fabia,
feeding on "Gavilan".
Bred from ovum
laid by wild ♀ -
Guapiles, Costa Rica.
May 13: 1911. —

79. Full grown larva of
Pieris Elodia, feeding
on Watercress. Bred
from ovum laid by
wild ♀ - Cartago, Costa
Rica, June 6: 1911. —

70. Full
grown
Larva
of Dione
Vanillae,
on Passiflora
Foetida. — San José,
Costa Rica, June 8: 1911. —

金属外壳蜕变，圣歌女神裙绡蝶蛹——橙色斑点虎斑翅

在任何角度都能保持高强度，在阳光下也不会褪色。帕克对具体的方法非常谨慎，只是这种精确的机制在自然界中找不到，但可以利用二氧化硅的组合大规模生产。在薄片中形成的纳米级图案能将光线散射成从各个方向都能看到的颜色，通过改变图案的尺寸还能产生不同的色调。这些薄片可以用来覆盖物体。2020年，帕克与耐克公司合作生产了一双非常昂贵的运动鞋。这种涂层的厚度仅为头发丝的十万分之一，颜色十分鲜艳。帕克用"迷幻"一词来形容再恰当不过了，可以说这是把蝴蝶技术穿在了脚上！

让人感到兴奋的不仅仅是时尚原因，开发结构色彩还有更多实用和环保的理由。最近，帕克开始改造为物体上色的工业机器。试想一下给飞机喷漆，比如空中客机A380，这是目前世界上最大的客机。它需要3 600升油漆，而每层0.2毫米的油漆重量为650千克。每次重新喷漆都会增加飞机的重量，从而增加飞机飞行所需的燃料，这既增加了成本又破坏了环境。如果使用永不褪色的"油漆"则可以节省开支，还能保护地球。

帕克不仅能复制一种颜色，还能复制多种颜色——他表示，这项技术可以制作色谱中的所有颜色以及所有更精细的色调——这就是一张巨大的色卡。这将创造无限可能，如果我们能够找到从不同角度控制颜色的方法，我们甚至可以开发出隐形设备，而这目前还只是科幻小说中的情节。不过，在此提醒大家一句，凯恩斯莫说，超市货架上的商品已经开始利用虹彩色包装，这并不是为了吸引我们，而是像蝴蝶一样，为了掩盖成分表，巧妙地将其隐藏起来，不让人发现。真是狡猾啊！

受到蓝色闪蝶翅膀结构色的启发，七层颜料打造雷克萨斯结构蓝车型的虹彩效果

想在过生日时来块蚊子饼吗

生态系统的绿色奇迹

在北方的某些季节，

一种小昆虫或蠓虫会成群结队地飞来，

空中到处都是。

人们在晚上将其一网打尽，

烤成蚊子饼，

当地人称为"Kungo"，

据说这种蚊子饼的味道和鱼子酱或咸蝗虫差不多。

——大卫·利文斯顿（1865）

我通常不允许在办公桌上吃东西，因为我怕把害虫带进自然历史博物馆的藏品中。但我有一块看起来像石头一样的蛋糕，它是由成千上万只苍蝇挤压在一起形成的肉饼。这种肉饼名叫"kunga"或"kungu"，是用马拉维湖上的小昆虫制成的。马拉维湖是非洲第三大、第二深的湖，这里不仅是700多种慈鲷（其中许多是人工饲养）的栖息地，还是28种淡水蜗牛、1种螃蟹和1种幽蚊（*Chaoborus edulis*）的栖息地。这种幽蚊属于幽蚊科，并且从名字"edulis"（意为可食用的）可以看出，它们可以供人类食用。

苏格兰探险家大卫·利文斯通（David Livingstone，1813—1873）于1872年出版的《利文斯通的非洲：非洲内陆的探索与发现》（*Livingstone's Africa: Perilous Adventures and Extensive*

Discoveries in the Interior of Africa）一书中写到了这种蠓虫，不过，尽管利文斯通是个极具探险精神的人，但也从未尝试过这种肉饼。

对于西方饮食习惯的人来说，蠓虫可能是一种奇怪的食材，但它们可以做成富含蛋白质的汉堡、肉饼、蛋糕或其他任何东西。而且，捕获蠓虫的方法也十分简单。只需在煎锅或平底锅上抹上油，然后在蠓虫周围挥舞，蠓虫就会粘在锅上，然后就可以烹饪了。吃昆虫对我来说并不陌生，我把昆虫视为陆地虾的一种。我吃过味道像蜜糖的小蜜蜂，吃过蟋蟀和蚂蚱，甚至还喝过毛毛虫粪便茶。

没错，有一种茶叶是用谷蛾幼虫的粪便制成的，这种幼虫专门吃野茶树，也就是生长茶叶的树。人们认为喝这种茶比喝普通咖啡更健康，因为它含有更多的营养、维生素和蛋白质。但对我来说，这种茶没有一般的茶好喝，并且有点感觉越喝越渴！虫茶的种类还有很多。人们给各种昆虫喂食不同的植物，从而产生不同的味道。饮用和食用昆虫是一种风靡全球的现象，昆虫一直都是人类餐桌上的美食。联合国粮食及农业组织估计，目前有20多亿人以昆虫为辅食。

基兰·惠特克（Kieran Whittaker）是恩托赛克昆虫技术公司（Entocycle）的创始人兼首席执行官，该公司旨在生产高级的可持续昆虫蛋白。惠特克在当了五年潜水教练后，萌生了创建这样一个公司的想法。从泰国到墨西哥，他一路当教练，同时旅行、健康饮食，足迹遍布全球。但他意识到了一个问题，那就是我们在摄入蛋白质的同时也排放了大量二氧化碳。根据英国大型超市乐购委托牛津大学马丁学院"食品未来"项目出具的报告显示，英国人每年会吃掉25亿个牛肉汉堡。

再加上一顿烤牛肉大餐和其他牛肉制品，这相当于一个人驾驶汽车行驶435亿千米的二氧化碳排放量，或者相当于地球上每位车主每年驾驶汽车行驶28 968千米的二氧化碳排放量。再加上我们食用的鸡肉、猪肉、鱼肉以及我们养殖的其他所有肉类，你就可以看出危害有多大了。在成为潜水员之前，惠特克曾学习过环境设计，他在2017年便利用自己的专业知识在伦敦的铁路拱桥下建立了一家蛆虫工厂。也许我把它称为蛆虫工厂失之偏颇，但从本质上讲，它确实是一个高科技工厂。而且它可能会在很大程度上帮助拯救我们的地球。

当你进入惠特克昆虫技术公司的实验室时，可能一时看不出这里是做什么的。但在几扇厚重的门后是一个昆虫室，一排排的容器里有许多忙着交配的黑水虻（*Hermetia illucens*，林奈，1758）。这些外形酷似黄蜂的黑水虻和嬉皮士有着共同的特点，它们的幼虫只吃有机食品，并且喜欢循环利用。这些黑水虻幼虫，或者说是蛆，正是我们研究的对象。

这些蛆虫拥有强大的咀嚼式口器，能够撕碎、吞食几乎所有种类的有机废物，并将其转化为高质量的可食用蛋白质，而在此过程中产生的二氧化碳排放量比它们的体型还要小。这些蛆的另一个好处是，长为成虫后它们并不像许多其他分解生物那样食用废物或可溶性食物，因此不会传播疾病。惠特克将它们称为"超级苍蝇"，在快速发展的昆虫养殖业中，这些昆虫的确被视为皇冠上的明珠，满足了人们对廉价、清洁、可靠的家畜和宠物饲料粗蛋白质日益增

黑水虻

黑水虻蛆虫

长的需求，在其他方面也有不小的潜力。

随着人们对蛋白质的需求不断增长，寻找一种可持续、可扩展、不耗费地球资源的替代品已迫在眉睫。昆虫蛋白，尤其是黑水虻幼虫，无需占用大面积土地、无需消耗大量水资源进行养殖，并且是以各种有机废物为食。养殖黑水虻说明，我们可以利用大自然给予的再生机器，彻底改变我们的养殖方式。

以科学的名义记录养殖黑水虻的交配过程

黑水虻作为超级苍蝇的美誉由来已久。瑞典分类学家卡尔·林奈首次在其原产地北美洲记录到这种昆虫，并将其归为家蝇属。几百年来，黑水虻和其他被归为家蝇属的昆虫一样被认为是一种生活在堆肥中的害虫，需要加以控制或根除。黑水虻与家蝇在血缘上并不相近，但两者都曾遭受过负面报道。

昆虫学家查尔斯·瓦伦丁·莱利（Charles Valentine Riley，1843—1895）想要一探究竟，决定对黑水虻进行深入研究。莱利还是一位艺术家和插图画家，平时留着修剪整齐的小胡子，看起来风度翩翩，他在北美常常被称为现代昆虫学之父。莱利热衷于收集昆虫，并且乐于分享自己的专业知识，在他的影响下，人们慢慢将昆虫学从收集和整理标本的专业转变为对昆虫多样性、生态学和害虫应用管理的科学分析。莱利曾在1875年说过："昆虫在自然经济中扮演着最重要的角色，为我们提供了有价值的产品，并为我们带来了大量间接好处；然而，人们对昆虫的认识主要是它们给人类造成的困扰，以及它们对农作物和家畜造成的伤害。因此，昆虫知识和昆虫研究，尤其对于农民来说，变得非常重要。"

莱利的成长经历并非一帆风顺。他出生于伦敦的一个牧师家庭，父亲名叫查尔斯·埃德蒙·费特雷尔·怀尔德（Charles Edmund Fewtrell Wylde），母亲名叫玛丽·坎农（Mary Cannon）。他和弟弟乔治（George）都是私生子，在当时，私生子是不被大众所接受的，为了掩盖身份，特地取了和父母姓氏不一样的名字。三岁时，他们从母亲家搬到伦敦郊区的姨妈家住，之后又被送到一个工人阶级家庭，让他们"照顾"。莱利的童年虽然看似不稳定，但让他养成了探索精神，因为莱利可以自由地在河边以及公园里玩耍，那里培养了他对大自然的热爱。13岁时，莱利被送往欧洲大陆继续正规学习，并很快在艺术和博物学方面展现出了天赋。15岁时，他已经写了一本关于昆虫的书。爱德华（Edward）和珍妮特·史密斯（Janet Smith，1996）对他非凡的早年生活进行了深入的剖析，他们还写道："怀尔德51岁时死于债务人监狱，玛丽58岁时死于挥霍和失望。"做父母的可要注意了，不要因为孩子做了什么事而过度失望，人真的可能因失望而死！

不屈不挠的昆虫学家查尔斯·瓦伦丁·莱利留着精致小胡子

选自查尔斯·瓦伦丁·莱利于 1858 年出版的《昆虫自然史》，所有插画均由当时年仅 15 岁的莱利亲手绘制

　　1860年，在母亲去世前，莱利从欧洲移民到美国，与家族朋友乔治·爱德华兹（George Edwards）一家一起生活，爱德华兹一家住在伊利诺伊州的坎卡基乡下，芝加哥以南80千米处有一个农场。几年前，他们看到伦敦报纸上的广告，加入了19世纪的欧洲移民队列，到此从事畜牧业。莱利在农场上劳作的同时也了解了当地农民的困扰，包括昆虫的肆虐。但没过多久，他就搬到了芝加哥，找了一份不那么辛苦的工作，为《草原农民》（*The Prairie Farmer*）报纸撰稿，该报纸旨在为农民发声。

　　唐纳德·韦伯（Donald C Weber）教授是2019年出版的《查尔斯·瓦伦丁·莱利：现代昆虫学的创始人》（*Charles Valentine Riley: Founder of Modern Entomology*）一书的合著者，他本人曾担任美国农业部（USDA）的研究昆虫学家一职，韦伯称莱利是一个善于解决问题的人。莱利回答了别人向他提出的许多问题，包括如何改善作物授粉、如何实现农业多样化、如何应对各种昆虫对作物的危害等。莱利声名显赫，基本上成了密苏里州最有名的昆虫学家，在他备受瞩目的研究项目中，他研究了饥饿的落基山蝗虫（沃尔什，Walsh，1866），这种蝗虫在1873—1877年入侵了美国西部许多州。

　　有趣的是，他主张通过吃蝗虫来控制蝗虫，他写道："只要有机会，我就会把蝗虫当作食物，有一天，我吃了几千只未完全发育的蝗虫，其他什么东西都没吃。开始实验时，我还有些疑虑，满以为可能会受不了虫子的味道，但很快我就惊喜地发现，无论用什么方法烹制都好吃。生蝗虫的味道很大很难闻，而煮熟之后味道则淡很多，很容易被混入的其他食材的味道压住，可以根据口味或喜好进行调味。不过，蝗虫最大的优点是不需要精心准备或调味。"

莱利的想法领先时代几十年。但他并不仅仅在密苏里州出名，莱利在全美国范围内产生了巨大的影响，这部分归功于他所出版的书籍和发布的报告，如《有害、有益和其他昆虫》（*Noxious Beneficial and Other Insects*），书中对新物种、生活史和控制方法进行了大量描述。莱利在大家都认为厌恶的动物身上发现了光彩，并花了很多时间研究其复杂的生活史，包括一种以树汁为食的虫子葡萄根瘤蚜（*Daktulosphaira vitifoliae*，菲奇，Fitch，1855）。落基山蝗虫（*Melanoplus spretus*，沃尔什，walsh，1866）和麦虱子（*Blissus leucopterus*，萨伊，Say，1832）。莱利的这些昆虫的研究成果将昆虫生物学提升到了一个新的高度，他还用精美细致的手绘图像描绘出了他所研究的昆虫。这些书籍和报告记录了莱利的劳动成果。正如韦伯所说的，莱利的记录是具有实际意义的，因为这些书籍和报告都是用高质量的纸张所打印，并寄给了当时其他著名科学家，包括查尔斯·达尔文。

在1869年的第一份报告中，莱利描述了他如何与农民交谈，希望通过他们了解那些"娇小而强大的昆虫敌人"。农民已经意识到一些昆虫对农作物造成的危害，他们还送来昆虫让他饲养，以进一步了解昆虫的生活史。但关注"有害昆虫"的不仅仅是水果和蔬菜的种植者，美国养蜂人也开始担心，因为到了19世纪80年代，黑水虻在南部各州迅速蔓延，蜂农开始注意到这些昆虫侵入了他们的蜂巢。苍蝇再一次名声扫地。

养蜂人在蜂箱里发现了黑水虻的蛆虫，但如韦伯所说，莱利向他们保证，黑水虻不是以蜜蜂为食，而是以蜜蜂的残骸为食。虽然黑水虻的腹部呈锥形，很像黄蜂，但它们却不会杀害其他动物。相反，它们是清洁工，钻进垃圾堆里，把垃圾变成食物。黑水虻幼虫很快就变成了无害的食腐动物，以多种腐烂的有机物为食，包括藻类、腐肉、堆肥、粪便、霉菌、植物垃圾，当然还有蜂箱里的废物。莱利为黑水虻摘掉了害虫的帽子，认识到它们表面上的破坏行为实际上是做好事。

进入20世纪后，随着我们对黑水虻的了解越来越多，人们更多地认识到了这种益虫的好处。与家蝇不同，黑水虻成虫的舐吸式口器小很多。它们不会像家蝇那样将食物和消化酶一起反刍出来，因此不会传播疾病。黑水虻不会像家蝇那样到处飞来飞去，因为它们成虫时摄取食物的能力有限，所存储的能量也就较少。因此当黑水虻进入室内后，很容易被捉住。黑水虻非常卫生，而且不咬人也不蜇人。它们唯一的防御手段就是躲起来。另外，黑水虻幼虫出现在粪便中可使普通家蝇（*Musca domestica*，林奈，1758）的数量减少90%以上。

20世纪70年代，研究人员开始重视这些小型咀嚼机器将粪便转化为蛋白质的能力，而且转化速度超过了很多害虫。幼虫从孵化到化蛹，体型会增长15 000倍，相当于人类婴儿长到蓝鲸那么大。除了幼虫活动产生的蛋白质外，它们还会产生另一种宝贵的资源——蛆屑，这是一种颗粒状的无味残渣，可以直接用作有机肥料，也可以通过蚯蚓转化为有机肥料。黑水虻还能使粪便的流动性

tree received from a distance should be examined from "top to stern," as the sailors say, before it is planted, and all insects, in whatever state they may be, destroyed. There can be do doubt that many of our worst insect foes may be guarded against by these precautions. The Canker-worm, the different Tussock-moths or Vaporer-moths, the Bark-lice of the Apple and of the Pine, and all other scale insects (*Coccidæ*), the Apple-tree Root-louse, etc., are continually being transported from one place to another, either in earth, on scions, or on the roots, branches, and leaves of young trees; and they are all possessed of such limited powers of locomotion, that unless transported in some such manner, they would scarcely spread a dozen miles in a century.

In the Pacific States, fruit-growing is a most profitable business, because they are yet free from many of the fruit insects which so increase our labors here. In the language of our late lamented Walsh, "although in California the Blest, the Chinese immigrants have already erected their joss houses, where they can worship Buddha without fear of interruption, yet no 'Little Turk' has imprinted the crescent symbol of Mahometanism upon the the Californian plums and the Californian peaches." But how long the Californians will retain this immunity, now that they have such direct communication with infested States, will depend very much on how soon they are warned of their danger. I suggest to our Pacific friends that they had better "take the bull by the horns," and endeavor to retain the vantage ground they now enjoy. I also sincerely hope that the day will soon come when there shall be a sufficient knowledge of this subject throughout the land, to enable the nation to guard against foreign insect plagues; the State against those of other States, and the individual against those of his neighbors.

THE CHINCH BUG—*Micropus leucopterus*, Say.

(Heteroptera, Lygæidæ.)

[Fig. 1.]

Few persons will need to be introduced to this unsavory little scamp, but, lest perchance, an occasional reader may not yet have a clear and correct idea of the meaning of the word Chinch Bug, I represent herewith (Fig. 1) a magnified view of the gentleman. The hair-line at the bottom shows the natural size of the little imp, and his colors are coal-black and snow-white. He belongs to the order of Half-winged Bugs (HETEROPTERA), the same order to which the well known Bed Bug belongs, and he exhales the same loathsome smell as does that bed-pest of the human race. He subsists by sucking, with his sharp-pointed

州昆虫学家

每棵从远处移植来的树，在种植前都应像水手们所说的那样"从头到尾"仔细检查一遍，所有虫害无论处于什么状态，都应被消灭。毫无疑问，许多严重的害虫可以通过这些预防措施加以防范。比如爪蛾、各种带簇蛾或蒸汽蛾、苹果和松树的树皮蚜，以及所有介壳虫、苹果树根蚜虫等，常常通过土壤、接穗或幼树的根、枝、叶，从一个地方运输到另一个地方。这些昆虫的移动能力非常有限，若不通过这种方式运输，它们可能在一个世纪内的扩散都不会超过十几千米。

在太平洋沿岸的州，果树种植是一个收益较大的行业，因为这些地方尚未被许多果树害虫侵扰，而这些害虫却在我们这里让劳作更加繁重。正如已故的沃尔什所言："虽然在加利福尼亚，东方移民已经建立了供奉佛的寺庙，可以无忧无虑地进行崇拜，但至今还没有'小土耳其人'在加利福尼亚的李子和桃子上留下伊斯兰的新月符号。"但是，加利福尼亚人能保持这种免疫状态多久，现在他们与受害州之间有了直接的交通联系，这很大程度上取决于他们多快能意识到危险。我建议我们太平洋沿岸的朋友最好"勇敢面对"，努力保持他们目前的优势地位。我也真诚希望那一天早日到来，全国能对这个问题有足够的认识，使国家能防范外来虫害侵袭，各州能够防止其他州的害虫侵入，个人也能防止邻里的虫害蔓延。

小麦吸浆虫——黑翅脉粉虱

（*Micropus leucopterus*，半翅目，长蝽科）

很少有人需要介绍这个令人厌恶的小坏蛋，但万一有读者还不太清楚什么是小麦吸浆虫，我在这里展示它的放大图。底部的细线表示这个小虫的实际大小，身体颜色是煤黑和雪白。它属于半翅目昆虫，与臭虫同属于这一目，它也散发出与臭虫一样令人作呕的气味。它靠吸取植物汁液为生，用的是尖锐的口器。

更强，使环境更不适合家蝇幼虫生长。

美国得克萨斯农工大学教授、昆虫学家杰夫·汤姆伯林（Jeff Tomberlin）主要研究法医昆虫学，他的实验室名为"法医昆虫学调查实验室"（FLIES）。他还研究分解生态学，没错，也就是研究黑水虻。几十年来，汤姆伯林一直知道黑水虻幼虫的潜力，希望能将其作为终极循环利用者。汤姆柏林首次被黑水虻震撼到是有一次被他的导师——被称为田野之父的克雷格·谢帕德（Craig Sheppard）博士带到一个家禽饲养场，在那里他们要对黑水虻进行取样。据汤姆柏林描述，打开入口的门，进入一个光线昏暗的地下空间，在那里他只能看到一个一米长的收集室，上面的鸡粪正源源不断地排入收集室。

汤姆伯林转向谢帕德问道："我们必须进去吗？"

得到的回答是："不，杰夫，是你一个人进去。"

汤姆伯林下去后在满是蛆虫的阴暗环境中艰难前行。但是，他并没有因此感到反感，反而对这种经历充满了敬畏。他注意到，在几分钟之内，蛆虫就能犁开粪便。按照汤姆伯林的话，这真是太美妙了。

自从那次戏剧性的"成人礼"之后，汤姆柏林就开始注意到这种昆虫的巨大潜力，特别是它们在开发可持续废物管理系统方面的用途。这是源于全球粮食需求的增长以及随之增长的农业生产需求。在佐治亚州进行的一项田间试验中，黑水虻消化猪粪后，其中的氮含量减少了71%，磷和钾含量减少了52%，铝、硼、镉、钙、铬、铜、铁、铅、镁、锰、钼、镍、钠、硫和锌含量减少了

38%～93%。这意味着黑水虻幼虫能够将潜在污染减少50%～60%。由于黑水虻幼虫的消化作用能使粪便通气和干燥，因此还能使粪便中的恶臭味减少甚至消除。黑水虻幼虫的蛋白质和脂肪含量较高，也就是说，还能将它们作为动物饲料和生物柴油生产中的添加剂。

但直到21世纪初，人们才开始小规模地研究将黑水虻用于分解废物和生产饲料的可行性，此时尚未出现商业规模的黑水虻饲养。主要问题是没有人知道如何让人工饲养的苍蝇可靠地交配和产卵。但汤姆柏林和他的同事在2002年解决了这个问题。他们发现，只要找到合适的温度、湿度和光照，就能刺激苍蝇繁殖。有了大量的培养物，根据需要培养营养丰富的幼虫只是时间问题。

汤姆柏林还透露，苍蝇吃什么就长什么，而且在不同的处理方法下，苍蝇的生长速度也大不相同。例如，用废谷物饲养的幼虫的生长速度是单独喂养苹果的幼虫的两倍，但用苹果和废谷物混合物饲养的幼虫产量是单独喂养苹果的幼虫的两倍。通过调节幼虫的饮食，研究小组还能够收获不同营养成分的幼虫。例如，用苹果喂养的幼虫会变得非常胖，脂肪占体重的60%！如果给它们喂食香蕉，脂肪就会转变为蛋白质。

现在将黑水虻作为饲料进行养殖逐渐产业化，主要还是希望利用这种幼虫分解垃圾填埋场中食物垃圾的能力。英国在2018年发布的一份报告中指出，英国产生的食物垃圾数量为950万吨。用我最喜欢的衡量方式——蓝鲸来作比较，这个数字大约相当于44 000头成年鲸鱼的重量，且每头重达219吨。因此，这些蛆虫不仅能消灭这么多垃圾，还可将其转化为一种环保、可持续的动物饲料蛋白质和脂肪来源。

在实验室里，惠特克和同事们将饲养容器控制在精确的温度和湿度下，以优化幼虫的产量。按惠特克的话说，这里有黑水虻从卵

（左图）

到成虫，再从成虫到卵的整个生命周期。例如，每个容器中的黑水虻年龄完全相同，并且精确喂养，需要的就是严密和精确。他们还开发了机器视觉硬件包和软件包，以帮助其他公司改进农场，实现

（右图）经黑水虻消化后的橙子（左图）变成了颗粒（右图）——黑水虻幼虫胃里的有用废物，可以用作土壤肥料

更大规模的生产。

目前正在进行的试验包括将不同数量、不同种类的幼虫放在各种类型和深度的废弃基质、湿度环境中，甚至会选择不同大小的容器进行研究，以确保大规模地将废弃食物转化为可食用的蛋白质。这个过程很快。第5天，幼虫从蛆屑（昆虫粪便）中分离出来，蛆屑也是可以利用的，有人就拿来用在自家种植的西红柿上，效果很好！你可以真切地感受到这些幼虫在适当条件下惊人的生长速度。到了第9天，幼虫已经长到1厘米，而且长得越来越大。随后，在孵化后两周内将其加工成蛋白质产品。

他们的目标是建立英国首个工业昆虫设施——Entofarm 1，它将发展成为一个半自动化生产基地，生产出2.2吨可持续昆虫蛋白，成为成本日益高昂的牲畜和宠物食品商业饲料的可行性替代蛋白来源。如今有许多昆虫宠物食品公司在生产营养均衡且环保的猫狗食品（其中一些公司的名字就很好听，如"爱昆虫宠物食品"和"虫子烘焙"）。使用幼虫作为蛋白质还可以缓解当前不可持续的鱼类过度消费情况。

全球约有20%的野生渔获物被加工成鱼粉和鱼油，用于水产养殖，再喂给养殖鱼。在过去15年里，水产养殖产量翻了一番多，因此急需找到一个可持续性的鱼类养殖方式。塞纳·德·席尔瓦（Sena de Silva）和乔瓦尼·图尔奇尼（Giovanni Turchini）在2008年发表的一篇文章中指出，"在总计3 900万吨的野生捕捞鱼类中，有13.5%被用于人类食用以外的目的"。这相当于约13 000头蓝鲸！

　　未来，昆虫养殖者希望不仅为动物食品，也为人类食品创造蛋白质，甚至在厨房里自己就能培养蛋白质。为此，奥地利设计师卡塔琳娜·昂格尔（Katharina Unger）开发了一种名为"Farm 432"的原型机。这是一个放在厨房工作台上的多室盒子，你可以用自己的剩菜剩饭生产可食用的苍蝇幼虫。

　　昂格尔是某农场公司的首席执行官和创始人，公司设在维也纳和香港。昂格尔在维也纳应用艺术大学学习工业设计时，就开始着手开发这些家庭回收设施。尽管仍在开发阶段，但原型已显示出良

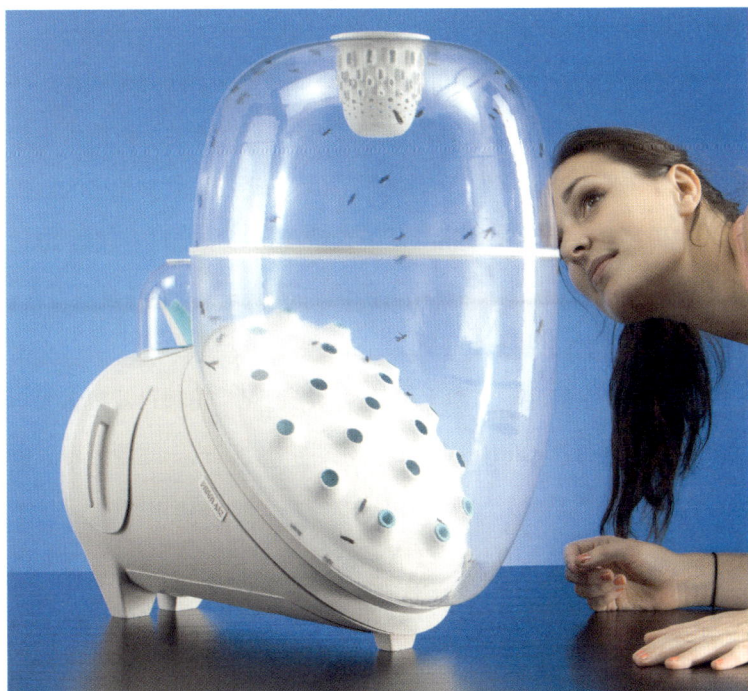

Farm432——在家自己制作蛋白质

好的效果。1克的黑水虻幼虫可发育成2.4克的幼虫蛋白质，这个转换率是相当惊人的。幼虫不需要水，在干旱地区也可以很好养活，而且不会排出对环境有害的甲烷，联合国指出，人类造成的甲烷排放中有32%来自我们的牲畜，预计到2050年这一比例将增至70%。

昂格尔从农场收获蛋白质的步骤非常简单。先让幼虫吃大约一周的食物残渣，等着它们变大后化蛹。然后，它们会爬上一个斜坡，最后掉入采收容器里。大部分可以拿来吃，但也可让少数化蛹，变成成虫，然后继续生产更多的后代。这个过程几乎不需要你动手。昂格尔说，幼虫的味道很独特，"煮熟后闻起来像土豆。口感外酥里嫩，味道有点像坚果，也有点像肉"。

要想将生产供人类食用的黑水虻幼虫商业化，还是会遇到一些问题。联合国粮食及农业组织在2022年12月发布的一份报告中指出，尽管在过去几十年中，有关食品和食品链的监管框架已大幅扩展，但仍存在大量立法或指导缺失的情况。即使全球有超过20亿人会将1900多种昆虫作为食物，但仍然有许多人，尤其是西方人，不愿意吃虫子，特别是整只食用幼虫。

能否鼓励人们在吃东西上更具冒险精神呢？美国科罗拉多大学的凯特琳·怀特（Kaitlyn White）及其同事针对这一问题进行了研究，他们从以下三个方面研究不同人在吃昆虫的意愿上的差异：不愿吃新奇食物等级（食物恐新症），恶心敏感等级（因为有些人比其他人更容易感到恶心），以及饥饿等级。在第一项研究中，学生们分别完成了对这三个变量的在线评估。他们表示愿意吃烤蟋蟀、炸虫子和昆虫蛋白棒。研究人员发现，食物恐新症和恶心敏感等级越高（非饥饿程度），食用这些食物的意愿越低。

但现实中是不是就真的更不愿意尝试这些食物了呢？为了研究这个问题，一组新的参与者在实验室里完成了同样的量表，并被告知烤蟋蟀不仅可以安全食用，而且有些人还很乐意食用，然后向他们展示烤蟋蟀的样子。研究人员记录了哪些人吃了蟋蟀，哪些人没吃，他们的分析表明，只有食物恐新症（不是恶心敏感或饥饿感）与实际食用有关。事实上，可以根据食物恐新症的得分很好地预测谁会吃蟋蟀。因此，从这两项研究的数据来看，虽然厌恶敏感度得分较低的人说他们更愿意吃昆虫，但实际上他们并不愿意。而在这两项研究中，饥饿感并不重要。

因此，食物恐新症可能是让西方人将昆虫作为食物的最大障碍。这意味着要想方设法让人们获得实际食用昆虫蛋白的积极体验，并为今后旨在鼓励人们将昆虫蛋白视为可行性营养来源的营销战略提供参考。实际上，我们的餐桌上出现的可能不是幼虫本身，而是它们的蛋白质，我们现在可以买到蟋蟀面粉，并被用来制作面条、面包、饼干和其他零食。重要的是，我们需要向消费者说明，食用昆虫不仅有益于我们的健康，而且有益于地球。同时，随着世界各地的黑水虻养殖场越来越多，这些黑水虻将与蜜蜂和家蚕一样，成为农业中最常见的昆虫。让我们拭目以待吧！

智利阿塔卡马沙漠，地球上最干旱的非极地地区

沙漠生存的创新者

"也许还有人认为，
认识一种甲虫就等于认识了所有甲虫，
至少差不多可以这么说。
但一个物种并不像分子云中的一个分子，
每个物种都是独特的，
是数千年甚至数百万年前，
从最密切相关的物种中分离出来的。"

——E.O. 威尔逊（1985）

昆虫的数量之多、种类之丰富，相信大家现在已经耳熟能详了。我们知道昆虫无处不在，甚至进入了太空，昆虫可以在最恶劣的环境中生存：幽深的洞穴和湖底，甚至南极洲的极端环境。现在我们还知道有些昆虫可以在世界上最干旱的环境下存活，即年降雨量小于250毫米的地区。这与伦敦截然不同，伦敦每年的平均降雨量为615毫米。英国相对比较潮湿的地区是威尔士斯诺登尼亚中心一个名叫卡佩尔—库里格的小村庄，平均降雨量高达2 612.18毫米。而这与地球上最潮湿的地方印度毛辛拉姆相比，简直是小巫见大巫。根据《吉尼斯世界纪录大全》，毛辛拉姆每年的降雨量高达11 872毫米。

从最潮湿的地方到最干旱的地方，首先自然考虑到两极。奇怪的是，南极洲虽然是由水组成的，但有一个地方的确被称为"干谷"，那里近200万年来从未下过雨。在非极地地区，智利的阿塔卡马沙漠最为干旱。据报道，位于沙漠中的阿里卡镇每年的降雨量为0.761毫米，而阿塔卡马沙漠中的其他地区已经有近半个世纪没有降雨了。上一次阿塔卡马下雨时，亨利八世（Henry Ⅷ，1509—1547）还是英国国王。

从南美洲的智利出发，我们将目光转到非洲北部的利比亚、埃及、苏丹和阿尔及利亚，这些国家都存在极为干旱的地区。沿着大陆往下走，我们就到了纳米比亚。纳米比亚的鹈鹕角以冲浪和各种鸟类而闻名，尽管地处热带，这里还是世界上比较干燥的地区之一，年降雨量仅为13.2毫米。没错，这些干燥的地方也有昆虫的身影。由于人类引起的气候变化，这些干旱地区的范围不断扩大，生活在这些极端环境中的动物引起了我们的注意，我们想看看它们是如何在如此艰险的环境中生存的，以及是如何"凭空"变出水来的。

甲虫非常适合在干燥的地方生存。已知的鞘翅目物种超过36万种，数量还在不断增加。人们似乎都对甲虫很感兴趣。达尔文从小就对甲虫着迷，他在自传中写道，有一天他外出采集时，容器盆用完了，但他急于采集一只甲虫，就把它"塞"进了嘴里，结果很不舒服。"有一天，我在撕下一些旧树皮后，看到了两只罕见的甲虫，于是我两只手各抓住了一只；后来，我又看到了第三种甲虫，我不想错过它，于是我把右手拿着的那只甲虫塞进了嘴里。唉！它喷出了一些刺鼻的液体，灼伤了我的舌头，我不得不把甲虫吐了出来，结果这只甲虫和刚才第三只甲虫都跑掉了。"

像达尔文这样的还大有人在。自然选择进化论的发现者之一阿尔弗雷德·拉塞尔·华莱士会和亨利·沃尔特·贝茨（Henry Walter Bates，1825—1892）一起在亚马孙河中寻找甲虫。弗朗西斯·波尔金霍恩·帕斯科（Francis Polkinghorne Pascoe，1813—1893）这个名字可能对于很多人都很陌生，但他在昆虫界很有名，参与了很多在南美、欧洲和非洲各地采集昆虫的工作。而探险家大卫·利文斯通对昆虫的喜爱则少有人知。

利文斯通（Livingstone，1813—1873）出生于苏格兰的布兰太尔，年仅60岁时在赞比亚卡赞贝王国奇坦博酋长的村庄去世。利文斯通是一位传奇人物，大多数英国人对他的认识都来源于威尔士裔美国探险家亨利·莫顿·斯坦利（Henry Morton Stanley）那句备受争议的问候语："利文斯通博士，我想你是利文斯通博士吧？"这个乡下男孩最后成了著名的传教士、探险家、科学调查员和人权斗士。在19世纪50年代的传教活动中，利文斯通成为第一个穿越非洲南部的欧洲人，是英国的民族英雄。他极大地提高了英国人对非洲大陆的认识，是第一个描述维多利亚瀑布的西方人，并带回了一些在英国从未见过的最恶劣环境中的物种。

150年后的今天，他的一箱甲虫才在伦敦自然历史博物馆被重新发现。里面的标本来自1858—1864年政府支持的探险队，这个探险队的目的是开辟赞地西河的贸易路线。先别急着认定这是博物馆的疏忽，事实上，这些标本是由私人收藏家爱德华·杨·韦斯特（Edward Young Western）捐赠给博物馆的，他是从探险队的另一个

查尔斯·达尔文的甲虫盒

British Coleoptera,
ex coll. Charles Darwin.
Formerly in a cabinet,
taken out and left in the
present condition by
the late G.R. Crotch.
det Register. 30. IV. 1913

人那里购买的这些标本。在没有数字记录的年代，这些只是档案中的一行文字。直到最近的一次大规模数字化项目中，这些细节才得以披露。

马克斯·巴克利（Max Barclay）是伦敦自然历史博物馆的高级馆长，带领了一个管理和研究甲虫以及昆虫藏品的团队，他还负责甲虫的数字化项目。巴克利对甲虫的喜爱常常溢于言表，而发现利文斯通的昆虫箱时他更是难掩兴奋之情！箱子里的18只甲虫来自12个不同物种，包括互生布甲（*Termophilum alternatum*，贝茨，Bates，1878）——一种巨型捕食性地甲虫，以及几种天牛科物种，包括不会飞的长角天牛（汤姆森，Thomson，1865）和一种黑甲虫，后面会详细介绍。

利文斯通发现，即使在最荒凉的环境中也能发现甲虫。对任何甲虫或昆虫来说，比较恶劣的环境之一要数纳米布沙漠了。纳米布沿非洲西南海岸从安哥拉经纳米比亚一直延伸到开普敦，宽不过几百千米，巨大的砾石层将大西洋吹来的三片流动沙海分隔开来。纳米布沙漠是地球上比较古老的沙漠之一，并拥有地球上最高的沙丘，有的高达250米，这些沙丘是在恶劣的风力作用下形成的。这里夏季温度高达45℃，夜间温度可低至零度以下。在极端情况下，每年的降雨量只有15毫米，有时甚至完全没有降雨。

邓肯·米切尔（Duncan Mitchell）是南非约翰内斯堡威特沃特斯兰德大学的名誉教授，几十年来一直致力于对纳米布动物群进行研究。米切尔的专业是生理学，他一直在研究动物如何在如此极端的环境中生存，2020年，他与人合作撰写了一篇关于纳米布沙漠的

推测是利文斯通的甲虫

Zambezi
coll. by Dr.
Livingstone

斑金长蟲，贝尔托利尼，1849

雾和动物群的文章——《纳米布沙漠的雾和动物群：过去与未来》（*Fog and Fauna of the Namib Desert: Past and Future*）。对于一般人来说，沙漠里是看不到生命的。这是因为生活在此的动物为了躲避地表的热量和风，大部分藏在200毫米深的沙层中。

事实上，这些动物只有在必要时才会来到沙层表面。表面上看似贫瘠的纳米布缺少降雨，但会出现壮观的内陆雾，这种雾会在接近午夜时出现在沙丘上。这一非同寻常的现象产生于纳米比亚北部和西部，最初以高空卷云的形式飘过大西洋寒冷的本格拉洋流，吹到纳米比亚上空。云在高空变成潮湿的雾，在大约500米的高度与陆地相交时，会沉积雾滴，最远可飘到大陆以内60千米。类似的沿海多雾沙漠还有阿塔卡马沙漠、下加利福尼亚沙漠、阿曼沙漠和也门沙漠。但是，其他沿海多雾沙漠不存在凉爽的沿海气候，没有巨大的沙丘群和从海岸缓缓上升的陆地环境，这些因素结合在一起促成了这种独特的大雾景象。这种大雾也为许多动物提供了赖以生存的基础条件。

早在1959年，南非蛛形纲动物学家、昆虫学家雷金纳德·弗雷德里克·劳伦斯博士（Reginald Frederick Lawrence，1897—1987）就在他出版的《纳米布沙漠的沙丘动物群》（*The Sand-Dune Fauna of the Namib Desert*）一书中谈到了这种现象，他写道："随着夕阳西下，阴冷的雾气从海上吹来，在沙滩上形成一层薄薄的水汽，小动物们从无边无际的沙地里爬了出来，在夜晚寻觅食物。"

劳伦斯为研究四处奔波，1923年，他第一次去莫桑比克收集动物，在荒凉的海岸线上，他唯一的伙伴就是他的驴。后来，在担任皮特马里茨堡纳塔尔博物馆馆长期间，劳伦斯对南部非洲森林中的隐栖动物产生了浓厚的兴趣，并从纳米布等其他栖息地收集了许多隐栖动物。正是劳伦斯首先主张在纳米布建立一个永久性的研究站，以研究那里的生物。

　　他在书中写道，沙丘地形贫瘠，人类在此的身份是不受欢迎的入侵者，是完全被忽视、微不足道的存在。的确如此，但他接着说，表象是有欺骗性的，因为有40多种以前不为科学所知的物种，包括昆虫、蛛形纲动物和爬行动物，直到最近才在该地区被发现。劳伦斯在文章的最后感叹道："可以在此拍摄一部关于沙漠生物的电影，其美丽程度和科学性将远远超过沃尔特·迪斯尼（Walt

纳米比亚沙丘以及拗姿势的我

Disney）在1953年拍摄的纪录片《沙漠奇观》（*Living Desert*）"。

虽然纳米布的大雾天气变化多端，难以预测，而且大约每月才发生一次，但动物们却知道赶在大雾来临之前或来临之时露出沙面。目前还不清楚动物们是如何准确预测大雾的，但米切尔推测，这可能是由于它们会在沙地里通过风的声音进行判断，因为风在大雾出现前会改变方向。但雾的作用是什么呢？1976年，纳米布生态学家玛丽·K.西利（Mary K Seely）博士揭开了雾与动物之间的联系，相关内容占据了各大科学出版物的封面。

1939年西利出生于美国，于1967年来到纳米比亚读博士后，成为时任沙漠生态研究室（后来改名为戈巴贝）主任查尔斯·科赫（Charles Koch）博士的学生。研究站成立于1962年，西利到来三年后劳伦斯就接任了研究站站长一职，这在性别歧视依然严重的时代是一项重大成就。现在，该研究所已成为全球公认的优秀研究和培训中心。在劳伦斯担任主任六年后，西利和威廉·汉密尔顿三世（William Hamilton 3rd）合著了两篇论文，其中一篇发表在了《科学》（*Science*）杂志上，另一篇发表在了《自然》（*Nature*）杂志上。这两篇论文首次介绍了甲虫从雾中获取和收集水分的能力，并引入了涵盖大型甲壳虫的拟步行虫科。这并不是分类学上的分组，而是因为它们会轻拍腹部与异性交流。世界上一共有200多种大型甲壳虫，其中约有20种已经完全适应了极端的沙漠环境和不时出现的夜雾环境。

西利和她的团队率先观察到，一些甲虫会通过在雾水中打滚的方式直接获取雾水。她介绍了甲虫是如何在大雾来临之前，通常

纳米比亚拟步甲——一种纳米比亚特有的天牛

是午夜前数小时从沙丘里钻出来的。然后它们会因为寒冷而笨拙地爬上滑坡沙丘，爬到沙丘的顶峰，因为这里的雾气最浓，然后采取头朝下的姿势，将鞘翅迎着风。这些甲虫会在此等候三四个小时。只要风不太大，雾足够浓，这种姿势就能让雾滴沉积在它们的背部甲壳上，然后流向嘴巴。这是一个了不起的发现。想象一下，在手电筒的照射下观看这些甲虫收集雾气水是多么美妙的画面。研究人员就是这样观察了66个夜晚。

　　每当有合适的雾气吹来，这些甲虫就会全神贯注，它们唯一目的就是收获这些悬浮在空中的水滴。尽管地面上有大量的植物碎屑和其他食物，但从未见过这些甲虫在雾化期间觅食，也未见它们对附近的人类观察者有任何反应。由于收集雾气水的过程中，温度较低且很消耗体力，这些甲虫很容易受到掠食者的攻击。因此，甲虫及其他动物在雾中收集水滴的能力进化取决于捕食风险，尤其是夜间捕食风险。

劳伦斯在1959年提到纳米布时，就写了甲虫为应对沙地生活而进行的身体适应性变化。他指出，有些甲虫身体扁平，腿很短，方便滑入沙中，而有些甲虫则比较肥胖，腿很长，方便在滚烫的沙面上快速奔跑。有些甲虫确实看起来有点不寻常，就连见过这么多甲虫的巴克利也形容它们为"长相滑稽的昆虫"。汉密尔顿和西利在他们发布于《自然》杂志的论文中写道，还有一种拟步甲科昆虫（*Lepidochora*，格比恩，Gebien，1938），它们会在沙地上筑起山脊，利用地形收集水源！

有一种后腿很长，形似蚱蜢而非普通甲虫的倒立甲虫——沐雾甲虫（*Onymacris unguicularis*，哈赫，Haag，1875），它们才是真正适应了在大雾中收集水滴的一类。也许这种甲虫的外形很滑稽，但它们可以在雾中做这些倒立动作，而且外骨骼上还有专门的凹槽，可以吸附足够的雾气，让水滴流下来。与大多数天牛恰恰相反，这种甲虫的速度很快，我曾经在追捕它们的过程中惨败。

据米切尔称，沐雾甲虫（*Onymacris*，阿拉德，Allard, 1885）之所以能高效地收集雾气，不仅是因为它们的外骨骼有凹槽，能把纯净的水滴引导到昆虫的嘴里，还因为它们外骨骼的特殊化学成分。沐雾甲虫的背部具有疏水性，会把水排开，从而促使水顺着昆虫的背部流下。虽然从未观察到甲虫喝水，但通过对水和昆虫体液的化学特征进行分析，以及在特制的雾室中使用死亡标本进行实验，可以知道水确实被甲虫喝进了口中。

西利和她的搭档会在起雾前和起雾后都将这些小甲虫捞起来称

沐雾甲虫——倒立行走，收集雾气的拟步甲科昆虫

重，从而确定它们摄入了多少水分，他们发现摄入量最多的一次体重变化了30%，真是不可思议！这么多水分对于硬币大小的甲虫来说，足以让其撑到下一次沙漠起雾。这相当于我们一口气喝了20升水或差不多27瓶酒。这种快速获取水分的方式可能会给体液的储存和调节带来问题，但甲虫已经进化出了应付的办法。研究表明，甲虫会将吸收的大量水分与其他体液分开保存。

　　雾水非常纯净，几乎不含电解质，因此必须与循环系统的其他体液分开，否则甲虫的体液会被慢慢稀释。在下次起雾之前，如果昆虫感到干燥，会逐渐将水分流入体液中。另一种解决方案是在内部隔离雾水，然后逐渐向雾水中添加渗透剂，让雾水与其他体液混合。据研究，沐雾甲虫就是采用的这种储水策略，这种甲虫会将收获的雾水储存在肠道中。对纳米布地区甲虫种群密度的长期研究证实了这一过程的有效性，与其他没有这种适应性的甲虫相比，沐雾甲虫在干旱期的数量变化不大。

科学家们还研究了其他物种的身体集水结构。其中，沙漠甲虫（*Stenocara*，索列尔，Solier，1835）凹凸不平的背部引起了生物工程师安德鲁·帕克（Andrew Parker）博士和某国防技术公司机械服务部门克里斯·劳伦斯（Chris Lawrence）的兴趣，他们于2001年在《自然》杂志上发表了相关研究成果。帕克将沙漠甲虫背部描述为一座有许多山峰和山谷的山脉。山峰的凸起部分很光滑，上面没有蜡质，而山谷和山峰的两侧则布满了蜡质。光滑的顶部吸水，具有超亲水性或吸水性，而侧面和底部则具有超疏水性或斥水性。凸起表面加上蜡，会使雾中的积水凝结成球，也就是说，当水碰到甲虫的背部时，就会被从山谷推向山峰，在那里形成水滴，变大变重后滚落到甲虫的嘴里。在亲水表面和疏水表面的共同作用下形成了水滴。

后来有刊物确定此物种为沙漠大型甲壳虫（*Physasterna cribripes*，哈赫·鲁滕贝格，Haag-Rutenberg，1875），也属于拟步甲科昆虫，其背部有凸起，看起来与沙漠甲虫非常相似，因此他们对凸起影响的研究仍然具有现实意义。瑞典隆德大学的托马斯·诺加德（Thomas Norgaard）和玛丽·达克（Marie Dacke）于2010年发表的这篇论文研究了光滑背脊的粗隆沐雾甲虫（*Onymacris unguicularis*）和双色沐雾甲虫（*Onymacris bicolor*），以及隆背沙漠沐雾甲虫（*Stenocara gracilipes*，索列尔，Solier，1835）和沙漠大型甲壳虫（*Physasterna*

双色沐雾甲虫。这种甲虫甲壳的重要特征不是鞘翅的颜
色（图为罕见的白色）或形状，而是甲壳是否有凹槽

cribripes）的集水效率。只有前两种已被确定能在自然界中收集水
分，但它们都具有生物启发作用。

这些甲虫究竟能给人类带来何种启发呢？星战迷们一定还记得
卢克·天行者在沙漠星球塔图因的湿气农场，上面有一连串被称为
湿气蒸发器的巨大白色塔楼，用来收集空气中的水分。但它们能否
在现实生活中发挥作用，帮助解决全球日益严重的缺水问题呢？受
到沐雾甲虫独特体型的启发，帕克利用三维打印技术设计出片状集
雾装置。这种技术一层一层地打印出三维物体，因此而得名。帕克
一直在研究在亲水性表面上使用疏水性墨水来模拟甲虫的独特形
态。无须受到大小的限制，他们在最干旱的沙漠——阿塔卡马沙
漠，但也会起雾，在这里挂起床单，从中取水。水顺着薄膜滴入下

沙漠甲虫凹凸不平的背部

面的容器中。在最理想的条件下，一块平均面积为50平方米的采收板在一次起雾中可收集1 000升的水。

　　这个数字是惊人的，但这样做的收集效率会随着片材尺寸的增大而受到影响，因为雾滴在到达收集器之前需要流过更远的距离，因此在暖风条件下更容易蒸发。美国西北大学机械工程系助理教授朴圭哲（Kyoo Chul Kenneth）博士一直在研究如何在工业规模上克服集雾的局限性。他自称是"星球大战"的粉丝，在他的办公桌上摆放着一个卢克·天行者湿气蒸发器的乐高模型，这也许是他进一步推动这项未来技术的灵感来源。朴教授受到生物启发，借鉴沙漠和雨林环境中特殊动植物采用的巧妙策略，开发出带有湿滑的不对称凸起表面的集雾设备。此设备不仅吸收了纳米布沙漠甲虫形成水滴的特长，还借鉴了仙人掌植物不对称刺上的结构，以及猪笼草表面边缘独特的滑腻感。这些特点结合在一起，可以在最短的时间内实现水的快速连续定向输送，从而减少因蒸发而造成的水流失。朴教授希望，这种策略能够得到更广泛的应用。

朴教授还想把他的设计应用到一个新领域——雾霾收集。据世界卫生组织统计，每年有420万人死于室外空气污染，从大城市的空气中提取雾霾有助于应对日益严峻的健康和环境问题。雾霾是烟和雾的混合物，目前捕捉雾霾比从雾中提取水困难得多，因为空气中的水会堵塞雾霾过滤装置。但朴教授认为，用同样的方法捕捉雾霾而不是冷凝雾气是可行的。不仅如此，他还在探索如何利用雾霾收集技术来解决另一个令许多技术人员望而却步的巨大挑战，即减少海水淡化厂向海洋排放的盐水量，并希望这项技术能在不久的将来成为现实。

回到现实中，从甲虫背部汲取灵感制造集雾装置正逐渐成为干旱地区获取淡水的主要工业手段，只要能找到合适的地理和气候组合条件。但随着全球气候变暖，大雾天气越来越少，导致纳米布的许多动物濒临灭绝。尽管天气存在不确定性，但甲虫还有其他办法帮助其在沙漠中生存下来。这个奥秘藏在甲虫的腹部。甲虫直肠与大多数哺乳动物或昆虫的直肠的作用相同，即吸收营养和水分，然后将废物排出体外。但是甲虫比其他物种做得更好，因此甲虫的粪便几乎是干的。甲虫之所以能做到这一点，很大程度上要归功于甲虫器官的运作方式。与哺乳动物不同，甲虫体内有类似肾脏状的器官"马尔皮基氏管"，与直肠紧密相连，这个名字是以最早绘制该器官的马尔皮基的名字命名的，整个结构被一层膜包裹在腔室中。这样，甲虫的肾小管中就能产生高浓度的盐分，使甲虫能够通过渗透作用从粪便中提取所有水分，并将水分循环回体内。在高湿度环境下，甲虫还能张开直肠，将水吸入体内，并几乎完全吸收。

100多年前科学家们就已经意识到这种独特的耗水方式，但直到最近，穆罕默德·纳西姆（Muhammad Naseem）博士和一群来自丹麦哥本哈根大学、英国爱丁堡大学和英国格拉斯哥大学的合作者才得以弄清其中的原理。他们研究的是赤拟谷盗（*Tribolium castaneum*，赫布斯特，Herbst，1797），将这种甲虫作为模式生物是因为比较方便，而且与其他甲虫物种在生物学上有相似之处。

研究者发现，这些甲虫直肠中一种基因的表达水平比身体其他部位高60倍。通过这个基因，研究者发现了马尔皮基氏管和循环系统或血液之间有一组独特的细胞，它们就像窗户一样，在甲虫通过尾部吸收水分的过程中发挥着重要的作用。赤拟谷盗的肾小管环绕后肠，这些细胞将盐分泵入肾脏，使肾脏能够从潮湿的空气中吸收水分，并通过直肠进入体内。

可以想象，随着气候变化，利用雾气的机会变得越来越小。但是，我们仍然将甲虫凸起的几何形状和头立甲虫背部的凹槽结构加以利用。各个实验室一直在开发吸水和憎水表面相混合的应用，例如不会起雾的窗户和镜子，或自动注水的水瓶。由韩国工业和平面设计师朴基泰（Kitae Pak）设计的自动灌装水瓶模型结构非常简单，就是受到沐雾甲虫身体凹槽的启发，该模型由一个不锈钢圆顶组成。晚上将晨露收集器放置在室外，清晨，当周围的空气开始变暖时，水滴就会凝结在钢制瓶瓶身。收集到的露珠会顺着表面设计的凹槽流入一个封闭的圆形容器内。预计用此装置每次收集的水分足够装满一杯水。

朴教授表示利用类似甲虫突起的装置可以回收空调产生的水。例如，在日本，城市建筑内的大型空调系统由一个中央塔组成，类似于一个排气口，将水蒸气排入大气。这将导致城市空气温度上升达两度，既对环境有害又浪费资源。如果我们像他建议的那样，将塔楼表面设计成"甲虫突起"的形状，既能回收水，又能防止热量进入大气中，这将有助于降低城市的环境温度。让我们为此干杯！

设计精美的自动灌装水瓶，旁边的甲虫是它的设计灵感来源

蜜蜂的摇摆舞

昆虫王国的智慧

我们翩翩起舞，我们左右摇摆。

在我们扭动身体的时候，请仔细观察。

我们一圈又一圈地舞蹈，指向花朵的方位。

我们的八字舞步，告诉大家花粉在哪里。

——道格拉斯·弗洛里安（2012）

密蜂是相当聪明的小动物，小时候就有人教过我们，蜜蜂可以通过扭动屁股来相互传递复杂的地理信息。但蜜蜂吸引我们的不仅仅是它们的交流能力，还有学习能力。在了解蜜蜂的过程中，我们也在了解其他昆虫，不仅如此，人类自己从中也可以得到很多启发。

人类对蜜蜂的态度各不相同。有些人喜欢这些毛茸茸的小蜜蜂，并且知道它们具有传播花粉的作用，但也有一些人害怕蜜蜂。《挥之不去：为什么人类害怕、憎恨和喜爱昆虫》（*The Infested Mind: Why Humans Fear, Loathe and Love Insects*）的作者杰弗里·洛克伍德（Jeff Lockwood）探讨了这两种分化的观点，以及这两种观点是如何形成的。他叙述了美国特拉华大学昆虫学和野生动物生态学名誉教授、蜜蜂爱好者杜威·卡隆（Dewey Caron）博士写的一篇文章。卡隆积极开展蜜蜂教育，经常发表关于如何让人们爱上蜜蜂和其他昆虫的文章，但他也报道过一则关于非洲一名男子被大量蜜蜂袭击的故事："这位不幸的男子跳进了浅河中，蜜蜂几乎覆盖住了他的全身……由于毒素的影响，他身体变得虚弱。他呕吐不止，好不容易才来到深水区……他的头痛得厉害，腹泻不止，以至于大小便失禁。"

有时，科学家们的言论会加强而不是减少人们对一些动物的偏见，人们对蜜蜂所有的好感都因他们的几句话而化为乌有。但蜜蜂确实会给人带来痛苦，最严重的情况下甚至会导致死亡。美国疾病控制与预防中心报告称，2000—2017年，美国共有1 109人，每年平均62人死于大黄蜂、黄蜂和蜜蜂蜇伤。

蜜蜂、黄蜂和大黄蜂都属于膜翅目（Order Hymenoptera，源自希腊语，意为"膜质翅膀"），这个类群包含很多带刺的毒性昆虫，也有一些比较温顺的昆虫。带刺的属于针尾亚目（细腰亚目的一部分），包含在此类的物种非常多，迄今已发现了7万多种。这个名称是指它们的产卵管（即产卵器）在形态上被改造成了蜇针。不过，这只是少数情况，并非所有针尾亚目的物种都会蜇人。有的保留了产卵器的主要功能，有的则完全没有产卵器。因为蜇针是一种改良的产卵器，这意味着只有雌性才有蜇针。大多数既能蜇人又能产卵，其中许多还是独居动物，它们独自生活和养育后代。

我们对蜇伤的认识可以追溯到几千年前。医学文献中记载的第一例因过敏性休克而致命的蜇伤病例是一位美尼斯国王。遗憾的是，这个故事很可能是假的，首先，这位国王可能是虚构的；其次，解释象形文字的人很可能搞错了。做出解释的人是劳伦斯·瓦德尔中校（Laurence Waddell，1854—1938）。他生于苏格兰，后来成为印度军队的外科医生，还兼任西藏研究教授、化学和病理学教授，这些头衔听起来都很厉害。但是，他所写的很多东西都因其帝国主义思想而存在严重偏颇，甚至就像这个故事里的一样，是他主观的猜想！没有其他埃及学家同意他这个黄蜂蜇人的解读，但就像许多污蔑昆虫的传闻一样，这个故事仍在流传。

有一点可以证实的是，人类曾在战争中使用蜇虫来抵御进攻部队或驱赶敌人。公元前2600年，玛雅人发明了一个装有蜜蜂的诱杀装置，诱杀装置和蜜蜂大炮在全球各个地方都有使用，包括陆地和海洋。甚至有将蜂巢作为武器从一艘船扔到另一艘船的记载！洛克伍德写道："大约10万年前，我们的祖先喜欢在打斗过程中互相投掷蜜蜂、黄蜂和大黄蜂巢，这可能就是早期的生物战争吧。"

16世纪，法国散文家兼哲学家米歇尔·艾奎姆（Michel Eyquem），人称蒙田公爵（Montaigne，1533—1592），在他的《随笔：第二卷》（*Essays: Book Ⅱ*）中写了一则关于1513年葡萄牙军队围攻夏蒂内塔姆利城的故事。城内形势不妙，但塔姆利城的居民想出了一个狡猾的计划，将蜂箱（他们有很多蜂箱）从城墙上扔出去。蜂箱再加上火，"让蜜蜂猛烈地攻击敌人，以至于他们无法忍受蜜蜂的攻击，放弃了进攻，收拾行李撤退了"。由于这些雌蜂的功劳，城内无一人丧生。

蜂群中发怒的是蜜蜂（*Apis mellifera*，林奈，1758），蜜蜂属

1513 年被围困的塔姆利市民向入侵的葡萄牙军队投掷蜂箱

于群居性膜翅目。其社会性通过合作和分工为"有组织"的社会带来利益。这里只有一个蜂后（统治所有蜜蜂），她是蜂群中唯一产卵的雌蜂。蜂后的后代中包括带螫针的工蜂，但大多数只是为了防御而不用于产卵。蜜蜂与群居黄蜂不同，群居黄蜂会主动外出捕食猎物，用蜂刺制服猎物，而蜜蜂则用蜂刺进行防御，即使在捕食过程中有蜜蜂死亡，也会为了"牺牲小我，成全大我"而行动。蜜蜂的螫针其实是为了螫其他昆虫，它上面带有倒刺，并附有毒囊。但是，包括人类在内的哺乳动物都有一层厚厚的皮肤，毒刺会卡在里面。当蜜蜂飞开时，身体会与输送毒液的毒囊分离，它的死是牺牲

产蜜的蜜蜂，被驯化的女神

小我，为了成全蜂群的更大利益。

　　蜜蜂其实是非常聪明的动物。人类认为自己很聪明，可以利用这些动物的天性。人类将蜜蜂作为战争的武器，这种智慧肯定与蜜蜂的智慧不一样。蜜蜂是受本能支配的，而不是思想。近来，我们培养出了一种"嗅探蜜蜂"。嗅探蜜蜂（和黄蜂）经过训练，可以寻找不同的气味，例如毒品或爆炸物等化学物质，就像我们训练狗等其他动物一样。研究人员通过一种叫作经典条件反射的方法，即对气味作出某种反应后给予奖励，可以在非常短的时间内培养出训练有素的蜜蜂，一般只需要五分钟（而训练狗做同样的事需要8个月时间）。

10年前，为了BBC电台的另一个系列节目，我在实验室亲眼见证了这一切。一家设在罗瑟姆斯特德实验中心的公司，也就是玛格丽特·芳汀叔叔创办的那家公司，现已停止运营，当时正在研究蜜蜂对化学物质的巴甫洛夫反应。当把含有所选化学物质的糖溶液与蜜蜂一起放在烟雾中时，它们就会伸出舌头。就像巴甫洛夫的狗在铃声响起时会分泌消化液一样，蜜蜂在经过最初的训练后，再次闻到这种化学物质的气味时就会伸出舌头，因为它们已经把这与奖励联系在了一起。嗅探蜜蜂现已被用于各种环境，包括在战区探测地雷。

几百年来，智慧昆虫的概念一直被认为是一种矛盾概念。大多数关于昆虫的历史文献都将它们描述为受本能支配的自发反应。法国图卢兹保罗—萨巴蒂埃大学的神经科学家马丁·朱尔法（Martin Giurfa）教授专门研究蜜蜂的感知和学习能力，他认为，由于昆虫的大脑很小，因此之前普遍认为昆虫没有认知能力。朱尔法教授通过研究发现，蜜蜂的大脑的确很迷你，但它们可以根据嗅觉或视觉刺激之间的联系来学习新行为，这说明蜜蜂是具有认知能力的，这种认知能力需要超越基础学习的解释层面。因此，蜜蜂的行为远比"看见花后飞向花"复杂得多。朱尔法教授等研究者认为，把昆虫归结为本能生物是错误的。

达尔文倾向于将动物的某些行为归为其具备的智慧和心理能力，但他在19世纪中期时的想法主要是基于观察和推理。年轻的非裔美国生物学家、民权活动家查尔斯·亨利·特纳（Charles

生物学先驱查尔斯·亨利·特纳

Henry Turner，1867—1923）同意达尔文的观点，认为人类不是地球上唯一有智慧的生物。

特纳在19世纪90年代开始了一系列研究，这些研究与当时关于动物行为和认知的观点形成了鲜明对比。例如，他在1911年关于蜜蜂模式视觉实验的论文中指出，"对刺激没有反应并不意味着昆虫没有感受到刺激，而是对它们来说这种刺激没有意义"。特纳后来发表了70多篇关于无脊椎动物，特别是蜜蜂利用智慧解决问题的论文。如今，大多数科学家都会为有这样的研究发现而感到高兴，但更令人惊叹的是，在特纳做的大部分研究都不是在大学里完成的。

　　杰西卡·瓦尔（Jessica Ware）博士是一位非裔美国进化生物学家和昆虫学家，现就职于美国纽约的美国自然历史博物馆。瓦尔不仅是一位伟大的昆虫学家，研究昆虫的复杂进化，她还积极反对科学界中的性别和种族偏见。她对特纳十分了解。瓦尔说，特纳所做的现场记录非常详细，体现了他极大的耐心。为了发现蜜蜂行为的个体差异，特纳经常需要在恶劣的条件下进行研究作业。他在烈日下一坐就是几个小时，按照当时人们的习惯，或许还穿着西装，对他看到的每一只蜜蜂进行记录，包括蜜蜂腿的位置和蜜蜂采蜜的花。

　　特纳在俄亥俄州长大，当时美国内战刚刚结束，然而在那样一个动荡的年代，这些并没有阻挡他的研究脚步。特纳很早就表现出敏锐的好奇心和对大自然的浓厚兴趣，他的父亲托马斯·特纳（Thomas Turner，一名教堂管理员）和母亲阿迪·坎贝尔（Addie Campbell，一名护士）一直都很鼓励他，并在他整个求学时期给予他支持。考虑到当时紧张的种族关系，瓦尔思考着是什么让特纳有这样的魄力。19世纪70年代，臭名昭著的"吉姆·克罗法"（Jim Crow laws）开始实施，从图书馆到学校等所有公共设施都开始实行种族隔离，这种做法一直持续到20世纪60年代，许多非洲裔美国人从受到奴隶制的迫害转为受到种族隔离的歧视。

　　1887年，特纳与莱昂蒂娜·特洛伊（Leontine Troy）结婚，他们育有三个孩子：亨利（Henry，1892—1956）、路易丝（Louise，1892—194?）和达尔文（Darwin，1894—1983），没错，就是按照

生物学家达尔文起的名字。有了小孩后，在妻子的支持下（是否还有其他人的支持不得而知），特纳于1892年获得了辛辛那提大学的学位。这点非常不容易，因为他是第一位从辛辛那提大学毕业的非洲裔美国人。不仅如此，特纳还在完全不同的主体上发表了三篇论文，在《科学》杂志上发表的《鸟类大脑的特征》（*A Few Characteristics of the Avian Brain*）和《葡萄藤在同一季节长出两片叶子》（*Grape Vine Produces Two Sets of Leaves During the Same Season*），这是《科学》杂志的第一位黑色人种撰稿人；在《比较神经学期刊》（*Journal of Comparative Neurology*）上发表的《廊蜘蛛的心理学笔记——织网过程中的智能变化图解》❶。

特纳观察到，每只蜘蛛似乎都会根据可用空间的几何形状和它们感兴趣的猎物来调整结网方式，他写道："我们能够得出结论，本能的冲动促使长廊蜘蛛织网，但织网的过程却是充满智慧的行为。"这是他对动物行为的解释，因为这些研究，他也有机会参加他导师克拉伦斯·路德·赫里克教授（Clarence Luther Herrick，1858—1904）每周的例会，赫里克教授是一位专注于地质学和比较神经学的研究者。

实验室会议是所有研究员聚集在一起讨论结果和发现、提出新想法和建议的共同过程。这些会议既有很高的互动性，资深研究员对年轻研究员给予极大支持，但也有完全相反的观念。赫里克举办的方式更像是下午茶，桌子上放着三明治，并且按照当时的

---

❶ 原书名是 *Psychological Notes upon the Gallery Spider—Illustrations of Intelligent Variations in the Construction of the Web.*

传统，只有白色人种才能参加。但赫里克询问其他成员是否介意特纳出席会议，他们回答说不介意，于是特纳被邀请讨论"科学与智慧研究"——正如瓦尔所说，"他不再因种族或信仰而受到偏见"，人们会关注他提出的见解。

起初特纳的学术生涯一切顺利，1893年毕业后不久，他开始在丹尼森大学攻读博士学位，但好景不长，求学之路于1894年中止。特纳曾在为美国黑色人种学生开设的四年制文理学院克拉克大学讲过一段时间的课，现改名为克拉克亚特兰大大学，但遗憾的是没有具体日期记录。1895年，特纳的妻子利昂汀去世，之后女儿也去世了，他独自抚养着两个儿子。1906年，他在田纳西州克里夫兰市的学院山高中担任校长，不久后再婚，之后他再次转学到佐治亚州奥古斯塔市的海因斯师范和工业学院，这是当地第一所黑色人种学校。

特纳在业余时间仍在进行研究，并越来越多地关注昆虫的行为，为此，他于1907年获得了芝加哥大学动物学博士学位，这也是第三位获得博士学位的非裔美国人。你可以想象，尽管特纳拥有博士学位，并发表了20篇论文，但他仍然无法在学校任职，这让他感到非常沮丧。法国的神经学家朱尔法也对特纳的生活和工作进行了研究，并撰写了相关文章，称特纳与标准学术机构之间的隔阂可能促成了他的原创思维。

1908年，特纳在圣路易斯的一所非裔美国人学校萨姆纳高中任教，直到1922年因健康原因被迫退休。正是在这一时期，由于没有最先进的实验室设施，也没有图书馆，他转而与学生们一起在家中或学校的花园进行实地考察，以满足他对所有蜜蜂相关事物的好奇心。

　　从1908年到1923年去世，特纳共发表了41篇关于无脊椎动物的论文。他最爱的就是蜂类，包括所有种类的蜂，而不仅仅是蜜蜂。他撰写了许多关于寄生蜂和独居蜂的研究论文，并在1829年出版的《长角蜂的太阳之舞》（*The Sun-Dance of Melissodes*）一书中首次描述了长角蜂的求偶舞。书中的文字和主题一样吸引人，他设定好了背景："时间是八月；地点是乔治亚州奥古斯塔的一个废弃花园。"这听起来像是一个少年的悲伤故事，而不是以前未知的膜翅目昆虫的交配行为。特纳还以雌蜂的口吻写道："我的行为远不止是向风性和趋光性，因为我的归巢是由巢穴环境的记忆图片控制的"。谁能想到蜜蜂也有这样的科学头脑。同时，他还发现独居蜜蜂会在地上挖小洞穴，并通过研究周围的地标来记住自己的位置。

　　特纳通过两个系列的实验证实了这一点。第一个实验是在一个荒芜的花园里进行的，他利用经典的科学仪器——纸片和西瓜皮，对蜜蜂所挖的洞进行了处理。第二个实验与第一个一样，但使用的是一种较小的不明蜂种。通过移动物体，特纳确定蜜蜂能够记住其所处环境，只有蜜蜂从记忆库中检索出方向信息，才能解释这种搜索行为。特纳写道："通过排除法，对这种行为最合理的解释是穴居蜜蜂利用记忆来寻找回家的路，它们会仔细检查巢穴附近的环境，以形成洞穴地形环境的图像。"这些昆虫的行为超越了本能。

Vol. XV.   *November, 1908.*   *No. 6.*

BIOLOGICAL BULLETIN

THE HOMING OF THE BURROWING–BEES (ANTHOPHORIDÆ).

C. H. TURNER.

INTRODUCTION.

The researches about to be described were conducted for the purpose of determining how the burrowing bees compare with the ants and the mud-dauber wasps in their method of finding the way home. During most of the month of August, 1908, from five to ten hours a day were devoted to this study. This made it possible to conduct several series of experiments. Since all of the series led to similar conclusions, only two of them will be recorded. The majority of the experiments were conducted upon a species of *Melissodes* Latrl., many nests of which existed in an abandoned garden of the Haines Normal School.

SERIES A. EXPERIMENTS ON MELISSODES.

These experiments were conducted in a deserted garden. Before beginning the experiments proper, numerous preliminary observations were made for the purpose of obtaining information that would be helpful in conducting and interpreting the experiments.

Bearing in mind Bohn's assertion that the flights of certain Lepidoptera are anemotropisms and phototropisms,[1] much attention was given to the flight of these bees.

When these anthophorids are busy at work, the flight is certainly neither an anemotropism nor a phototropism, for neither the movements nor the orientation of the body bear any constant relation to either the direction of the wind or to the rays of the sun.

[1] M. Bohn, "Observations sur les Papillons du Rivage de la Mer," *Bull. de L'Institut Général Psychologique*, 1907, pp. 285–300.

特纳生动的文笔和富有洞察力的实验

生物公报

穴居蜜蜂（花蜂科）的回家之路
C.H.特纳

导言

下面将要描述的研究是为了确定穴居蜂与蚂蚁和泥道蜂在寻找回家的方法上有什么不同。

在1908年8月的大部分时间里，我每天花5～10小时用于此项研究。这样就可以进行多个系列实验。由于所有实验都得出了类似的结论，因此这里只记录其中的两项实验。大部分实验都是用长角蜂所做的，海因斯师范学校的一个废弃花园里有许多长角蜂的巢穴。

实验A. 长角蜂系列

这些实验是在一个荒芜的花园里进行的。在正式开始实验之前，我们进行了大量的初步观察，以获取实验所需的信息。

考虑到波恩（Bohn）所说的部分鳞翅目昆虫具有向风性和向光性[1]，因此我将关注的重点放在了这些蜜蜂的飞行上。

当这些花蜂忙于采蜜时，它们的飞行肯定既不是向风飞行，也不是向光飞行，因为它们的运动和身体的朝向都与风向或太阳光没有任何固定的关系。

---

[1] M. Bohn, "Observations sur les Papillons du Rivage de la Mer," *Bull. de L' Institut Général Psychologique*, 1907, pp. 285—300.

特纳运用科学方法，通过一系列重复实验，得出了一些有实验依据的结果，并将其推广到蜜蜂分辨颜色的研究中。德国裔奥地利生理学家、诺贝尔奖获得者卡尔·冯·弗里施（Karl von Frisch，1886—1982）证明了蜜蜂具有色觉，并于1914年发表了一篇关于其研究成果的论文。但早在4年前，特纳就设计了实验来研究这一现象，因为这对正确解释昆虫与花的关系具有重要的理论意义。特纳没有使用养蜂场的蜜蜂，而是试图吸引野生蜜蜂，在连续五个夏日里进行了一系列实验。

特纳在1910年发表的论文《蜜蜂色觉实验》（*Experiments on Colour vision of the Honeybee*）中说道，他在密苏里州圣路易斯市的奥法隆公园进行了3次实验。他设计了红色、绿色和蓝色圆盘、彩盒和"羊角状物"，训练蜜蜂飞入其中，并将这些东西放在草木樨丛中，然后涂上蜂蜜以吸引蜜蜂。不幸的是，写有蜂蜜的卡片是红色的，而特纳并不知道蜜蜂是红色色盲。

尽管蜜蜂能对颜色刺激作出反应已是不争的事实，但他的实验其实是在研究非彩色视觉，也就是说蜜蜂是在分辨各种色调，而不是真正的颜色。尽管如此，他仍然能够证明蜜蜂在寻找花蜜时使用了视觉和嗅觉线索，并指出："这些实验虽然证明了蜜蜂具有色觉，但并没有揭示蜜蜂对颜色的偏好。这并不是这些研究的目的。我们想要回答这样一个问题：蜜蜂能分辨颜色吗？这些实验似乎证明，觅食蜂是有思考和行为能力的，而影响这些能力的两个因素是色觉和嗅觉。"

但是，由于特纳观察到蜜蜂会直接飞向放置在阴凉处或阳光直射下的红色器皿，因此特纳推断蜜蜂不是靠辨别颜色深浅来行动，而是能识别颜色。此外，特纳在构思蜜蜂行为的方式上也很明确。他从获得意义的角度解释了人工刺激物的选择。对蜜蜂来说，这些东西是有意义的；这些奇怪的红色东西意味着上面有蜂蜜，而那些奇怪的绿色东西和奇怪的蓝色东西则意味着上面没有蜂蜜。通过这种方式，特纳预见到了通过联想进行学习的基本原则。与冯·弗里施不同，特纳不愿意对动物的心理能力作出断言，他拒绝把蜜蜂和其他昆虫看作是对环境刺激作出自发反应的简单反射机器。对他来说，每只昆虫作出决定的背后都隐藏着学习、记忆和个体差异。

　　另一组实验也证明了这一点。使用与之前相同的设备，能否证明蜜蜂能够识别和区分图案呢？这次不同的是，圆盘上有垂直或水平条纹，颜色为黑白或红绿。特纳进行了近20次实验，实验中不断对条纹进行调整，结果表明，蜜蜂学会了选择那些与蜂蜜有关的图案。纵向条纹图案和横向条纹图案的对比结果毫无疑问，尽管使用不同的颜色，比如绿色和红色、空间频率、条纹间距，蜜蜂还是会选择先前得到奖励的纵向条纹图案，而忽略横向条纹图案。特纳得出的结论是蜜蜂在认识和识别不同颜色图案的过程中，还会学习颜色的空间分布，即颜色相同但垂直和水平条纹表示不同含义。根据实验结果，特纳认为蜜蜂是在创造环境的"记忆图片"。特纳的结论是对的。

　　这些关于动物行为的认知观点，在当时以行为主义观点为主导的科学环境中并不受欢迎，但却更显示出特纳的思想是领先那个时代的。有一个有趣的插曲，特纳非常欣赏进化生物学家乔治·约翰·罗曼尼斯（George John Romans，1848—1894），他在1883年出版的《动物的智慧》（*Animal Intelligence*）一书中写道："从我主观了解到的我个人心智活动，以及它们在我自身机体中引发的活动角度出发，通过类比，从其他机体可观察到的活动中推断出它们背后的心智活动是什么。"特纳非常敬佩罗曼内斯，他为自己的第二个儿子取名达尔文·罗曼内斯·特纳。

特纳对蜜蜂觅食和定向的分析为现代解释奠定了基础，研究人员在此基础上继续研究。在英国伦敦玛丽皇后大学的实验室里，德国昆虫学家拉尔斯·奇特卡（Lars Chittka）教授正在研究蜜蜂脱离自然环境后的学习能力，以及它们是否能够预测自己行动的结果，以便进一步了解感官系统和认知系统。奇特卡的实验室是我见过的最好的实验室之一！

在奇特卡的蜜蜂感官和行为生态实验室里，他在测试蜜蜂接触隐藏在低矮玻璃板下人造花获取蜂蜜的能力。蜜蜂拉动花蜜奖励上的绳子，就能把花蜜从玻璃下拖出来。是的，大黄蜂（*Bombus terrestris*，林奈，1758）正在学习操作绳子。这项研究虽然看起来轻松有趣，但实则暗藏玄机。因为绳子可以弄得很长，比较难拉动，也可以很短，比较容易拉动，由蜜蜂自己选择拉哪一条。奇特卡表示，"蜜蜂必须仔细观察并判断拉动哪根绳子获取回报"。奇特卡的实验内容其实比这还要复杂，其中一些花朵实际上并没有系在绳子上，因此蜜蜂需要在一根较短但没有花蜜的绳子和一根较长但有花蜜的绳子之间做出选择。在这个实验中，拉动较为难拉的长绳会获得收益。与此同时，其他蜜蜂则在一旁观察，它们并没有刻意传递信息，按奇特卡的话说，它们只是在观察"熟练的示范者"进行操作。

在如此小的大脑中进行这么复杂的学习，这是蜜蜂能给工程师带来的重要启示之一，也是新一代蜜蜂大小机器人的灵感来源。美国康奈尔大学助理教授伊丽莎白·法雷尔·海尔布林（Elizabeth Farrell Helbling，是机器蜜蜂（RoboBee）项目的负责人，该项目开发了一批迷你飞行器，模拟了蜜蜂的智慧和飞行能力。微型机器人"生物"的理念由来已久，在1966年的电影《神奇旅程》中，主角格兰特（斯蒂芬·博伊德，Stephen Boyd，饰）和他的团队为了进入科学家的大脑而缩小了体型，但由于逃跑计划出了差错，科学家出现了脑血栓，无法告诉他们如何延续微型化进程，剧透一下，最后他们成功了。

一只大黄蜂拉动绳子去获得花蜜奖励

最近的作品还有《内部空间》(*Innerspace*)《亲爱的，我把小孩变小了》(*Honey I Shrunk the Kids*)及其续集、《蚁人》(*Ant-Man*)(昆虫学家的最爱)，所有这些作品都围绕着这个主题。微型人类和逼真的机器人之所以吸引人，原因有很多。

海尔布林的机器蜜蜂只有硬币大小，重量仅为90毫克(约合10只家蝇)，是一个微型机器人队伍的一员，该队伍中有个机器人名叫"黑黄蜂"。人类可以一手掌握，并能够在25分钟内飞行2千米的路程。此外，还有一种机器蝇(RoboFly)，与机器蜜蜂很像，它是由激光束驱动。

在需要从人类无法进入或穿越的大片区域快速获取大量信息的任务中，比如倒塌的建筑物或敌方领地，微型机器人可以发挥极大的作用。检查煤气泄漏、搜寻幸存者以及穿越恶劣地形，都需要机器人具备一定程度的学习能力，这样才能应对遇到的困难。海尔布林已经在实验室成功试用了这些机器蜜蜂，并即将进行实地试验。早期阶段的目标是加入智能，使其能够存储和处理感官信息，发现更多关于周围世界的信息，并轻松地在环境中寻找路径。机器蜜蜂需要学会如何做出准确的决定，例如辨别哪些物体是目标，哪些需要避开。

在我们继续借鉴蜜蜂非凡的学习能力时，蜜蜂的小脑袋是否也能进行规划和想象？奇特卡对此有很多想法，他说道："我们有越来越多的证据表明，蜜蜂不仅活在当下，还能预测不远的将来，蜜蜂可能有情感，也有越来越多的证据表明，蜜蜂存在某种意识"。

你不禁会想，如果特纳得到更多的学术支持和资源，他会取

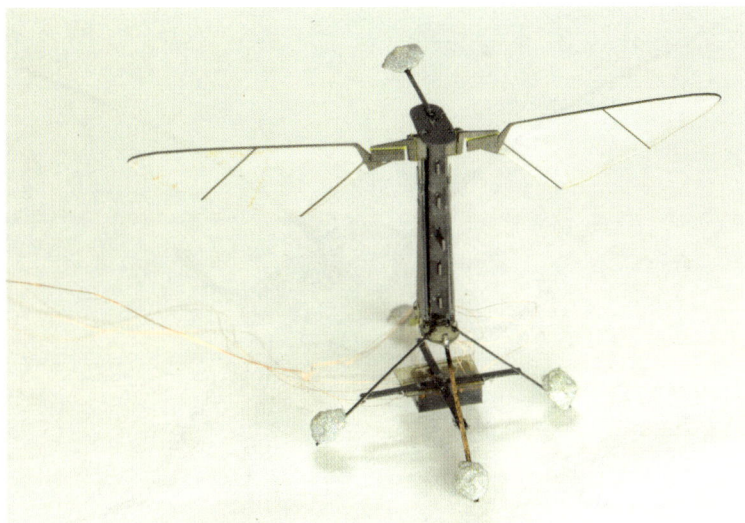

机器蜜蜂是一种微型飞行器，受蜜蜂的智慧和飞行能力的启发制造而成

得怎样的成就。整个动物认知领域和微小脑功能的发展可能会截然不同。不管怎样，特纳已经取得了巨大的成就。被称为"白蚁女"的非裔美国昆虫学家和民权活动家玛格丽特·詹姆斯·斯特里克兰·柯林斯（Margaret James Strickland Collins，1922—1996）也取得了不小成就。特纳和柯林斯都是在逆境中开启研究，设计出合理的科学调查方案，正如瓦尔所说，"这足以证明他们的工作态度"。

要从微小的昆虫世界中获得灵感并造福人类并不简单。正如特纳的天性是努力工作，克服困难，蜜蜂和其他昆虫也是如此，努力克服它们所面临的重重困难和挑战，以及不要以貌取人一样，不要根据螫针来简单地评判蜜蜂，也许这才是给我们最大的启示。

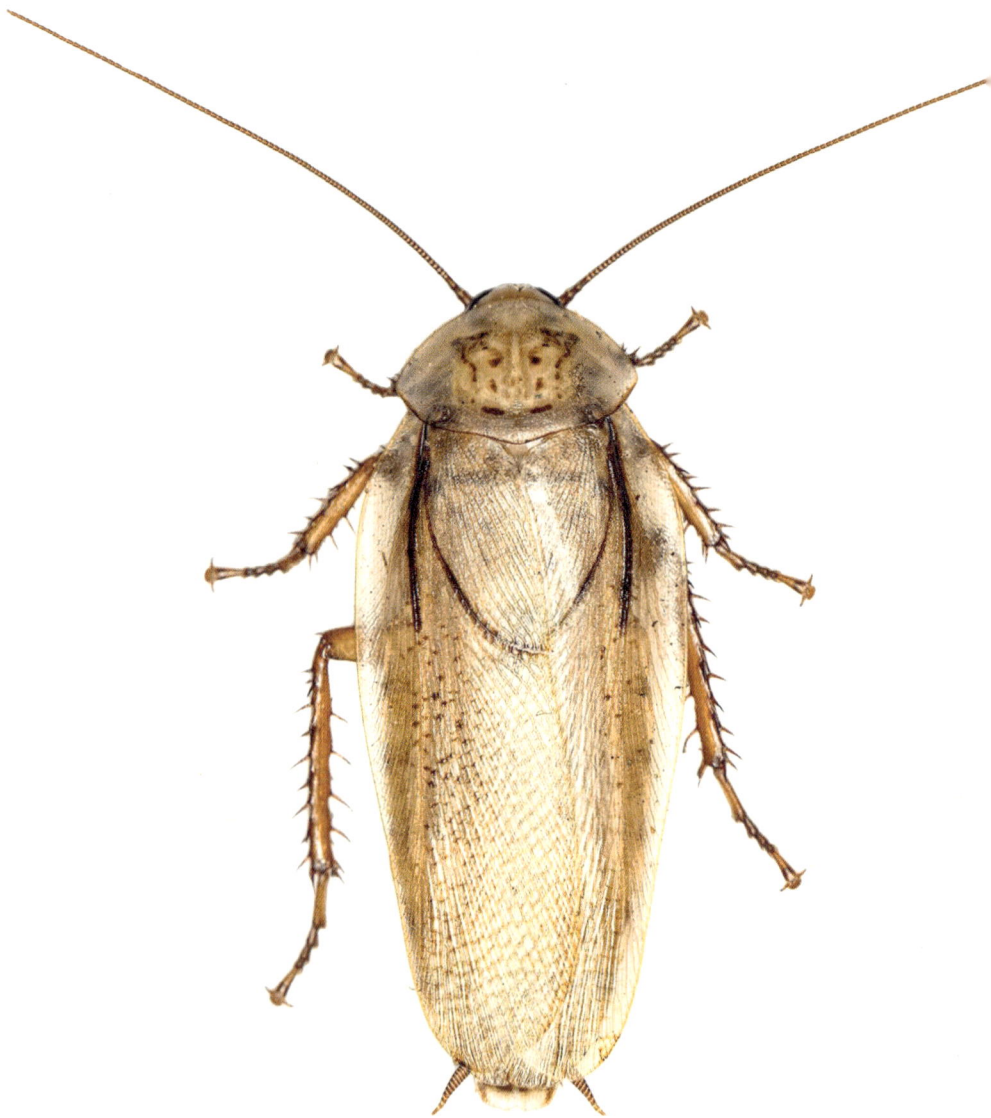

木蜚蠊

揭密神经网络

四处乱窜的小蟑螂，

我一靠近你就跑，

爬进厨柜把自己藏起来。

——克里斯托弗·莫利（1890—1957）

蟑螂喜欢吃的食物和人类一样，喜欢和人类住在一起，还特别喜欢在厨房捣乱。在我家浴缸下面就至少有一只蟑螂。蟑螂简直是无孔不入，人类与它们的关系十分微妙。因为蟑螂与肮脏经常联系在一起，因此有些人不喜欢蟑螂，甚至对蟑螂有所恐惧。还有一些人，比如我，则对蟑螂很感兴趣。但很少有人意识到，蟑螂其实是种很奇妙的动物。

蟑螂在很久以前就出现在地球上了，其祖先可以追溯到白垩纪恐龙时代。蟑螂与白蚁同属蜚蠊目，实际上白蚁可以说就是一种群居性的蟑螂！全世界大约共有4 400种蟑螂，但大多数人只见过3种主要出入居民住宅区的种类，包括来自非洲和中东的美洲大蠊（*Periplaneta americana*，林奈，1758）、来自东南亚的德国小蠊

（*Blattella germanica*，林奈，1767）以及来自克里米亚半岛的东方蜚蠊（*Blattella orientalis*，林奈，1758），这3种蟑螂的名字和起源地全部对不上！这就是地理命名错误的物种的帽子戏法。蟑螂和很多其他动物已经意识到，跟着人类一起生活可以吃得好住得好，不管我们愿不愿意，这些动物都已经开始和我们一起生活了。蜚蠊目的其他昆虫则生活在森林和洞穴里，还有一些则生活在水中，这些种类非常擅长憋气。

我们知道白垩纪有两种穴居蟑螂。海门·森迪（Hemen Sendi）于2020年在《冈瓦纳研究》（*Gondwana Research*）期刊上发表了一篇论文，讲的就是这种动物，它们为了适应洞穴环境而进化出小眼睛和小体型。想要在黑暗环境中行动需要一定的技巧，而大多数人类都缺乏这种技巧，但蟑螂却能应付自如。这是因为蟑螂很聪明，有很强的学习能力，比如它们能在迷宫中穿行，并记住路线从而返回到起点。

我们在上一章讨论了特纳对蜜蜂智力的开创性研究，他早在1912年就发表了一篇题为《蟑螂在开放迷宫中的行为》[*Behaviour of the Common Roach*（*Periplaneta orientalis L*）*on an Open Maze*]的论文。他对雌性蟑螂进行观察后写道"这些蟑螂逐渐习惯了封闭环境和我的存在"，同时他还测定了这些蟑螂走出迷宫所需的时间。它们不仅到达了终点，还记住了路线。每当蟑螂走完一次迷宫，无论有没有成功走出来，特纳都会把蟑螂放回起点重新再来，结果完成的速度越来越快。特纳指出，最初完成一次需要15~60分钟，但经过一系列试验后，它们可以在1~4分钟内完成挑战。

与其他昆虫相比，蟑螂的大脑体积更大，并且与延伸至整个身体的神经元网络相连。受到蟑螂全身神经网络的启发，人类颠覆了神经生理学领域，因为我们了解到这些动物的学习和适应能力非常快，在此过程中我们对自己有了更多的了解。由于具有极强的学习能力，蟑螂常被我们拿来研究动物表现、个性和行为背后的细胞机理。

澳大利亚悉尼大学的斯蒂芬·辛普森（Stephen Simpson）教授一直在研究昆虫的微小神经系统。辛普森在澳大利亚长大，在离工作地点不远的昆士兰大学（尽管路途遥远）完成了本科学业，

世界上最古老的穴居动物——白垩纪时期的穴蠊，保存在缅甸胡康河谷的琥珀中

然后在英国伦敦大学完成了博士学位，之后前往牛津大学深造。通过20多年的研究，他亲眼见识到了蟑螂的弹性，凭借这种惊人的弹性，蟑螂能够在几小时甚至几分钟内采用新的行为方式。正如辛普森所说，"蟑螂学习能力很强，它们能够对自己在环境中的行为进行调整，而不是像机器人那样在固定环境中做固定的事情"。

那么，蟑螂究竟是如何学习的呢？答案是通过神经调节，通过从一个神经元到另一个神经元的化学物质，影响每个神经元的运作数量和程度，从而影响整个系统的运作，影响它对世界的感知。这就像吃水果沙拉一样，通过改变每一口水果的种类和数量，你可以控制口中的整体味道，而且每次都会不同。只需灵活运用少量的神经元，就能实现极大的行为灵活性，这对动物的生存能力具有重大

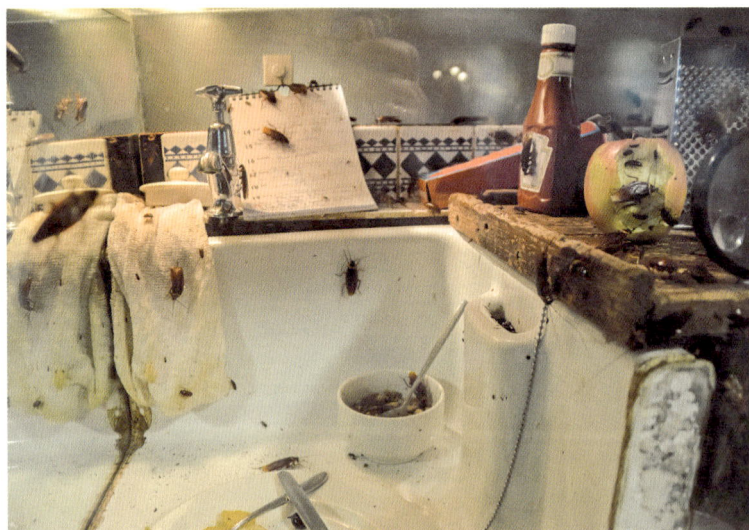

在厨房里捣乱的蟑螂

意义。

　　化学物质可以在神经系统中发挥作用，从而影响身体的其他部分，这并不是一个新概念，最早是由18世纪法国医生泰奥菲尔·德·鲍尔德（Theophile de Bordeu，1722—1776）提出来的。鲍尔德非常欣赏当时流行的生命论，即生命火花或生命能量的存在将生命与非生命实体区分开来。鲍尔德尤其认为，腺体就是依赖这种"神秘的生命力"，我们现在知道其中一些腺体能产生激素。这种推测性理论与当时流行的"医疗物理学"或"医疗力学"思想，也就是对人体功能的简单机械解释背道而驰。生命论最终被视为伪科学而遭到否定，但鲍尔德已经开始对化学物质进行模糊的推测，尽管他没有提供任何数据来支持他的想法。

BORDEU.

法国医生泰奥菲尔·德·鲍尔德，他推测生命体中存在"生命能量"

化学物质影响人体运作的概念在整个19世纪都受到嘲笑，但在20世纪30年代初，这一概念以另一种形式回归，这在一定程度上要归功于一位名叫贝尔塔·谢勒（Berta Scharrer，1906—1995）的德国生物学家。谢勒出生时名叫贝尔塔·沃格尔（Berta Vogel），母亲名叫约翰娜·魏斯·沃格尔（Johanna Weiss Vogel），父亲名叫卡尔·菲利普·沃格尔（Karl Philip Vogel），是一位成功的法官和巴伐利亚联邦法院副院长。小时候谢勒与她的三个兄弟姐妹一起生活，受到了慕尼黑音乐和艺术文化的熏陶，并接受了高质量的教育。谢勒就读的中学是德国三级中学系统中最先进的，也正是在这里，她开始对生物学产生兴趣，并将这种兴趣保持了一辈子。

谢勒立志成为一名研究科学家，为了实现这个目标，她进入了慕尼黑大学，这是一个明智的选择。作为一名在大学就读的女性，谢勒一反社会传统，凭借自己的聪明才智，获得了研究蜜蜂的生理学家卡尔·冯·弗里施教授的指导，攻读博士学位。如辛普森所说，一定是在那里，谢勒意识到"小家伙们真的非常聪明"。蜜蜂的大脑还不到人类大脑大小的0.0 002%，谢勒那时一定很想知道这些体型和脑容量如此之小的生物为什么如此聪明。为了获得博士学位，她花了数年时间研究蜜蜂和小果蝇的神经解剖学，并于1930年完成了这项研究。但研究过程并不全是艰苦的，她在此期间结识了同班同学、脊椎动物研究员恩斯特·谢勒（Ernst Scharrer，1905—1965）。

恩斯特于1928年在鱼类大脑的稳定和调节单元，也就是下丘脑中发现了他所称的腺神经细胞。最终爱情开花结果，这就是荷尔蒙的作用，恩斯特和谢勒两人不仅结为夫妻，还建立了极其重要的工作关系。谢勒后来说道："在当时，学术生涯对一个女人来说根本没有希望。如果不是嫁给了一位生物学家，给了我工作的机会，我不可能取得现在的成就。"

历史学家马修·科布教授认为，正是在这里，播下了她未来在神经分泌，即神经元储存、合成和释放激素这一新领域的工作种子。恩斯特在1928年发现，神经元不仅通过"某种奇怪的化学电流"来传递信息，还产生激素。他当时所掌握的唯一证据就是他在神经中看到的结构，或者正如他所写的，"欧洲鲹鱼这种跃层鱼类的视前核中的胶状内含物"。但下丘脑周围明显的血管化进一步支持了他的假设。

谢勒和恩斯特开始合作，但正如她自己所见证的那样，"神经元可能能够远距离发送神经激素或血液传播的信号，而这种活动以前只与内分泌细胞有关，这一想法遇到了强大的阻力"。毕竟，这是一个有争议的想法。20世纪30年代，神经生理学领域对神经细胞如何进行交流仍然一无所知。

人们甚至不清楚信号是如何沿着神经细胞向下传递的，也不清楚神经细胞是如何将电信号从一个细胞传递到另一个细胞的，更不用说传递所谓的血液传播信号的原理了。

在这场被称为"汤与火花之战"的科学大论战中，一些研究人员坚持认为，从一个神经元到另一个神经元之间传递着某种化学信息，而另一些研究人员则同样强烈地认为，这是一种直接的电信号。但恩斯特的假说让人们更加坚定这是一种从一个神经细胞传

（上）

（下）
谢勒最初研究的两种生物——脱毛海兔（上）和深海沙虫（下）

递到另一个神经细胞的化学信息。恩斯特对信息在神经元中的实际流动并不特别感兴趣，但对确定神经元是否能产生激素却十分着迷。

谢勒开始在其他物种——蠕虫和蜗牛中寻找证据，她惊讶地发现它们的神经元也拥有恩斯特发现的结构。因此，她马上就能为她丈夫提出的具有争议性的假说提供支持性证据。它提出了这样一个前景：在动物王国的大部分地区，神经元不仅充当着电线的角色，还通过这些电线分泌激素，从而改变生物体的行为和发育。

谢勒夫妇很早就决定，两人适当对所研究的动物进行划分，便能更好地证明神经分泌的广泛存在。恩斯特将继续研究脊椎动物，而谢勒则研究无脊椎昆虫。事实证明，两人合作得非常默契，他们既能提供解剖学证据，又能提供实际的实验证据，从而使人们对所发生的事情有一个全面的了解。

谢勒开始在她心爱的蜜蜂和醋蝇（果蝇）身上观察这些神经元结构，并说道："谁也无法预料到这些……事实证明，早期的观测结果并非人为制品，也不是凭空想象出来的。"尽管谢勒并不完全了解这一过程，但她在1935年和1936年发表了几篇关于这一主题的论文，研究了不同种类的无脊椎动物，包括被称为海兔的软体动物（林奈，1767）和深海沙虫（萨尔斯，Sars，1835）。

谢勒和恩斯特经常与外界隔绝，独自研究新发现的理论。对于许多科学家来说，他们能够互相交流想法，并在出现疑问时互相安慰，这样的关系令人羡慕。他们此时都在德国法兰克福大学工作，恩斯特被任命为艾丁格大脑研究所所长。由于"裙带关系"

的相关规定，谢勒任职时没有薪水，但她获得了一些研究空间，加上她叔叔提供的少量津贴，他们得以维持生计。无论是"裙带关系规定"，还是明目张胆的性别歧视，谢勒很长时间都没能领到薪水。

但这并不是她唯一的问题，因为历史的黑暗时期正在逼近。1934年，在他们结婚的前一年，德国议会（国会）投票通过了《授权法》，就在这次投票一周多之后，臭名昭著的《恢复德国公务员制度法》获得通过，该法规定开除所有犹太人的公务员职位，包括学术人员。谢勒夫妇是犹太人，虽然他们自己没有被开除，但他们发现在新政权下工作越来越困难。谢勒写道："我们两人特别反对纳粹这种毫无意义和不道德的理念，种族优越、反犹太主义、种族灭绝的思想……我们决定，不再生活在此制度之下。"

1937年，由于恩斯特获得了洛克菲勒奖学金，他们前往美国，但当时并不知道这将是一次永久移民（途经非洲、菲律宾和日本，收集动物标本）。第一年他们在芝加哥度过，此后谢勒夫妇在美国各地担任了一系列学术职务。现就职于捷克共和国查尔斯大学的我的朋友兼同事乔治·B斯蒂法诺（George B Stefano）博士早在20世纪80年代就开始与谢勒共事，他回忆说，恩斯特能够获得有偿工作，而谢勒却不得不免费与恩斯特一起从事补充研究。斯蒂法诺回忆说，"作为一名女性，她经历了一段艰难的时期"，但她仍然希望开展有意义的工作，因此"需要一种经济、易于照顾、不需要很多人，同时又非常有意义的研究生物"。

于是她便开始研究蟑螂，而且一开始研究的就是美洲大蠊这个"害虫"种类。这些蟑螂很容易养活，体型适于研究，并且芝加哥大学集中供暖的地下室里到处都是。谢勒的实验室或"蟑螂房"被一群蟑螂弄得一片繁忙景象。实验室位于女厕所旁边,人们开始注意到一种气味,这个气味来自实验室,而不是厕所。如果你没有闻过蟑螂的气味,让我来告诉你,它们有一种独特的气味,有人形容为发霉或酸味,或油腻或甜味。蟑螂的气味会弥漫在空气中,给人一种油腻的感觉。但由于资金有限,谢勒的研究停滞不前。

芝加哥随处可见蟑螂,但当谢勒夫妇在1938年搬到纽约后想找到蟑螂就不那么容易了,现代纽约人可能会觉得难以置信。但到了1940年,谢勒在城里发现随着船只的到来出现了新的蟑螂品种——马德拉蜚蠊(*Leucophaea maderae*,法布里修斯,Fabricius,1781)。马德拉蜚蠊原产于非洲,通过南美洲的灵长类动物来到美洲。马德拉蜚蠊个头非常大,比美洲大蠊大得多,因此谢勒解剖起来更加容易,这么说来这个品种真不错。

1951年,谢勒在《科学美国人》(*Scientific American*)上发表了《马德拉蜚蠊》(*The Woodroach*)一文,向"这种能在各种实验环境生存下来的顽强小动物"表示敬意。马德拉蜚蠊是外科手术的理想材料,因为要求很低,只要固定在柔软的纸巾之间就能保持安静。她还指出马德拉蜚蠊与"高等动物"非常相似。

后来,他们搬到了俄亥俄州的克利夫兰,把蟑螂也带了过去。谢勒仍在无偿工作,担任研究员和讲师。一开始,谢勒甚至不被允许参加系里的研讨会,只有她同意在会上倒茶时,才勉强同意带上她。七年后,谢勒夫妇在蟑螂的陪伴下再次来到科罗拉多大学医学院,在这里,谢勒开始了她经典的组织切除和移植实验。正是通过这些实验，谢勒证明了神经细胞中荷尔蒙物质的储存和释放。

不仅如此，还向人们展示了激素是如何在一定距离之外迅速作用于神经元的。谢勒夫妇谨慎地介绍了他们的研究成果，用色彩鲜艳的幻灯片和平板展示了这些神经颗粒，有些甚至正在从神经细胞中分泌出来。谢勒的工作得到了高度评价，1950年，她在巴黎组织了一次研讨会，最后她被授予助理教授头衔。但你猜怎么着，她还是没有工资。尽管如此，谢勒仍坚持研究，并完成了昆虫神经分泌系统的生理学研究。她的研究理念逐渐传播开来，蟑螂也很快被生理学家们采纳为首选的模式生物。

纵观科学史，此时神经生理学处于最好的发展阶段。谢勒和恩斯特对神经元的神经分泌功能进行了开创性的研究，揭示了一个迄今为止尚未被发现的过程。同时，其他研究人员也深入地了解了神

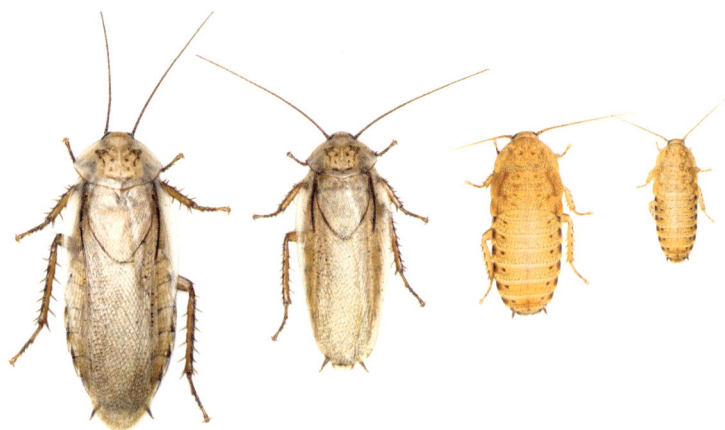

木蜚蠊成虫、幼虫和若虫

经元是如何在神经系统中传递信号的。

　　到20世纪50年代，这些新发现催生了用于医疗和娱乐的新型毒品，其中最著名的是麦角酸二乙基酰胺（俗称LSD）。此时，人们开始了解神经元的双重性质，即电信号和化学信号，这与谢勒和恩斯特的研究成果正好相吻合。谢勒认为，迟迟得不到认可是可以理解的，她说："我们提出了大胆的主张，大多数人经过大约20年的时间才接受这些概念，这是可以理解的。"但是当神经分泌这一观点被接受后，很快成为一门全新学科神经内分泌学的基本原理。科布强调说，正是因为谢勒在无脊椎动物中发现了神经分泌，而她的丈夫又在脊椎动物中发现了神经分泌，我们才可以说神经分泌出现在整个动物生命中。把他们各自的发现综合起来确实更加令人印象深刻。

　　5年后，谢勒夫妇再次启程，前往纽约阿尔伯特·爱因斯坦医学院，这也是谢勒有生以来第一次担任受薪职位。恩斯特受邀在这所新成立的学校建立解剖学系，院长还为谢勒提供了一个全职教授的职位。他表示："我知道裙带关系的相关规定，但这是一所全新的学校，我们可以做一些前所未有的事情。"正是这种不愿墨守成规的精神带来了科学上的进步发现。1963年，两人出版了他们的经典著作《神经内分泌学》（Neuroendocrinology），这本书是所有这个学科学生的必读书。但就在两年后，恩斯特在迈阿密的一次休假中溺水身亡，让人不胜唏嘘。此次意外带走了谢勒的丈夫和研究伙伴，她的人生道路再次被改变。谢勒一直以不屈不挠的精神从事研究工作，直到1995年去世，她在88岁高龄时仍在工作。

　　谢勒的研究彻底改变了我们对昆虫神经系统的认识，而昆虫也为我们了解神经系统如何带来行为的快速变化铺平了道路。生物学家史蒂芬·辛普森教授最喜欢的研究工具——沙漠蝗（*Shistocerca gregaria*，福斯卡尔，Forsskal，1775）就是最有力的例子之一。当环境发生变化时，沙漠蝗虫会表现出异常灵活的行为。它们可以从一种害羞的、不显眼的、夜间飞行的独居动物转变为一种非常显眼的、白天飞行的、偶尔大量聚集的动物，从而产生破坏性的经济影响。单生和群生这两种形态在颜色、生理和行为上都有显著不同。例如，独居期的若虫，即不会飞的幼虫，颜色更绿，以便与植被融为一体，性情更加温顺。这两种形态可以在实验室中培育，只需将它们隔离或分组饲养，就能使它们从一个阶段转换到另一个阶段，然后再转换回来。它们大脑中的神经细胞相对较少，少到足以让我们观察到这些阶段转换时发生的变化，从而深入了解更复杂的动物在发现自己处于新环境时发生的类似机制。

　　蝗虫需要作出的关键决定是加入或避开其他蝗虫。作出决定后，由于其他蝗虫的原因，生理、体形和颜色都会随之发生变化。这些长着翅膀的小昆虫一天就能吃掉自己的体重的食物，2克左右。这听起来似乎不多，但乘以几百万，问题就来了。2003年10月到2005年5月期间，许多非洲国家遭受了15年来最严重的蝗虫灾害。仅摩洛哥聚集的蝗虫面积就有23 000米×150米，估计共有690亿只蝗虫。23个国家受到影响，抗击虫群的预计花费为4亿美元。天气模式的变化导致了许多蝗灾，而且随着气候变化的影响越来越明显，预计发生的频率只会越来越频繁。

　　上一次大规模蝗虫灾害发生在2018年5月，当时"梅库努"气旋给阿拉伯半岛带来了巨大的降雨量，紧接着10月份的"鲁班"气旋也带来了同样的降雨量。由于地处偏远，国家蝗虫防治队无法进入，蝗虫数量估计增加了8 000倍。2019年，昆虫开始迁徙，向北迁徙到伊朗南部和沙特阿拉伯内陆，向西南迁徙到也门内陆。降雨量越来越多，蝗虫不断迁徙，接踵而来的是更大的降雨量和更大规模的蝗虫迁徙。大批蝗虫先后抵达了埃塞俄比亚、索马里、肯尼亚、乌干达、南苏丹、坦桑尼亚，以及自1945年以来首次出现的刚果民主共和国。

　　各国政府都希望预防蝗灾，避免造成经济和农作物损失，因此，对引发蝗灾的原因进行深入研究势在必行。20世纪80年代中期，辛普森在英国牛津大学从事博士后研究期间，在联合国的资助下，飞往北非研究大规模破坏性蝗灾，当时一种已有几十年历史的杀虫剂狄氏剂刚刚被禁用。辛普森把一些蝗虫带回实验室，并小心地分开存放，同时开始研究触发蝗灾的原因。他的早期实验确定，这种双重转变似乎不是由视觉或嗅觉引起的，而是由蝗虫之间的身体接触造成的。为了复制蝗虫间的拥挤，他用画笔来搔蝗虫的腿，同时还加入了一些复杂的行为分析，结果表明，这种物理动作导致了蝗虫生理上的变化。

　　更重要的是，这种变化是在几个小时内发生的。鉴于这种变化速度之快，辛普森及其同事意识到，这不可能是神经系统重新布线的结果，因为时间很短，而这一定是由于拥挤导致了化学物质的释放，从而改变了现有神经连接的强度。这种化学物质是我们人类非常熟悉的血清素，它影响着我们的学习、情绪、睡眠和饥饿。辛普森指出，当这些通常害羞、独来独往的蝗虫遇到其他蝗虫后，性格会发生巨大变化，不仅开始互相寻找和聚集，而且成虫还会长出巨大的翅膀，为迁徙做准备。这是非遗传多样性的一种，即由于环境的变化会产生多种不同的表型，这个例子中是两种。若虫的颜色甚至也不同，独居的若虫更绿，以便与植被融为一体。

沙漠蝗虫的独居和群居若虫

　　因此，神经系统的变化使独居的蝗虫变成了蝗虫群，这是由于蝗虫释放了一种化学物质的缘故，而这种化学物质也影响着我们人类的行为和互动方式，那就是血清素。血清素〔5–羟色胺（5-HT）〕具有多种功能，从调节情绪到导致呕吐，它能让人精神饱满，也可以缓解过多的情绪！辛普森及其同事在2009年发表于《科学》杂志的一篇论文中指出，当过度拥挤时，血清素会大量增加，但持续时

间相对较短，不到24小时。他们发现，血清素既是群聚发生的必要条件，也是维持群聚的必要条件。在我们的大脑中发现了同样的化学物质，这种化学物质能使通常害羞的独居昆虫结成庞大的群体。

用辛普森的话说，神经化学物质对神经系统的影响"彻底改变了我们对生物学的认识"。他希望进一步的研究能够揭示蝗虫的特殊性，从而有朝一日预防蝗灾。人类服用的百忧解等药物是通过控制血清素来发挥作用的，这些药物是否会对蝗虫也能产生类似功效？能否通过血清素对蝗虫聚集的作用为人类随大流现象作出解释？

谢勒将蟑螂从地下室带进实验室，并以此展示了这些昆虫在动物界共有的化学变化驱动下所具有的惊人适应能力。这一发现为我们带来了更多的发现，同时也提醒我们，我们与蟑螂以及地球上所有其他动物之间的共同点比我们想象的要多得多。

无论你以何种眼光看待和我们生活在同一星球上的动物，你一定都会不禁感到敬佩与惊叹，并从中受到启发。千百年来，我们一直在为动物命名并研究它们的行为，由此产生了一系列宝贵的科学成果，发现这些成果与最初发现这些动物时一样鼓舞人心。本书列举了少数几种昆虫，以及痴迷于研究这些昆虫的动物学者，其中一些人和他们的研究对象一样被忽视或嘲笑。值得庆幸的是，人们的看法已经被颠覆，最近，许多科学家开始从自然界中寻找灵感，应用于医学、太空旅行和时尚领域。无论是微型技术专家、系统工程师还是生物学家，都可以从小昆虫身上学到很多东西。

想一想我们身边有多少种昆虫，它们又有多少奇妙的小把戏。就拿食虫蝽科昆虫来说吧，到目前为止，已知的种类就有8 100多种。每一种都非常特别，因为这些强大的捕食者拥有各种武器和适应能力，可以帮助它们以惊人的准确性和效率捕杀猎物。食虫蝽都带有毒液，此物种之前都被人们忽视了，现在我们才刚刚开始认真研究。与更广为人知的膜翅目毒虫的毒液不同，食虫蝽毒液是多次独立进化而来的，有许多是科学界未知的独特毒液。这个科名激发了人们对其中一些毒液蛋白的命名，目前已有15个Asilidin蛋白家族。这些毒液在其具有高度攻击性的猎物（包括黄蜂、蜘蛛和刺甲虫等其他高度危险的物种）身上具有令人难以置信的快速作用特性，这也许可以为麻醉师提供启发。为了成功捕猎如此活跃的猎物，它们进化出了惊人的视力，即使是非常小的物种也有惊人的视力。

空头藻属包含1 832种比蚊子还小的物种。我曾在洪都拉斯遇到过这种苍蝇，它们捕食的猎物个头通常比自己体型还大。苍蝇以及所有昆虫的眼睛由许多小眼组成，这些小眼基本上都是单独的感光单元。小眼的数量取决于昆虫的种类，从0到36 000个（蜻蜓）

1758年，有点紧张的艾丽卡握着一只剧毒的黄胡蜂

不等。食虫虻的小眼没有那么多，因为它们比普通蜻蜓的体型大10倍左右，它们的眼睛进化出变焦功能！在食虫虻眼睛的中央是一个大透镜的集中区域，其中有一些重要的相关受光细胞为成像起到"闪光"作用。这些6毫米长的苍蝇能准确地看到0.5米以外的东西。它们会一直加速，直到距离猎物不到30厘米时，才会"锁定"目标，并以惊人的准确度进行攻击。这就相当于人类尝试捕捉距离自己1千米之外的物体。你知道吗，我们受此启发，研制出了小巧、轻便但却十分精确的测距仪。人类可以从这些小昆虫身上学到很多东西。

　　本书已经到了结尾，但这并不是我们了解这些地球同胞们的终点，而是进入一个新的阶段。谁知道我们又可以从甲虫的脚、食蚜虻的飞行或毛毛虫的粪便中受到什么新的启发呢？从受昆虫启发以来，人类经历了许多无人预见的突破，只要科学家们有想象力，有跳出学科思考的天赋，我们就能从这些昆虫身上学到新的东西。

致　谢

本书的撰写要感谢各位昆虫学家、历史学家、图书馆员、工程师和医学家的帮助，他们放弃了自己的时间，为BBC广播4台系列节目《蜕变》提供了宝贵的原始材料，本书中的故事就是由此而来的。尤其我要感谢以下人士：

彼得·阿德勒（Peter Adler）、盖尔·安德森（Gail Anderson）、马克斯·巴克利（Max Barclay）、莎米拉·巴塔查尔亚（Sharmila Battacharya）、莎拉·伯格布赖特（Sarah Bergbreiter）、拉斯·奇特卡（Lars Chittka）、马修·科布（Matthew Cobb）、吉姆·恩德斯比（Jim Endersby）、马丁·朱尔法（Martin Giurfa）、马丁·霍尔（Martin Hall）、安德烈亚·哈特（Andrea Hart）、克里斯·哈塞尔（Chris Hassell）、法雷尔·赫尔布灵（Farrell Helbling）、克里斯蒂·基克（Kristii Kiick）、杰夫·柯克伍德（Jeff Kirkwood）、伊恩·基廷（Ian Kitching）、卡琳·克耶恩斯莫（Karin Kjernsmo）、理查德·莱恩（Richard Lane）、邓肯·米切尔（Duncan Mitchell）、斯蒂芬妮·莫尔（Stephanie Mohr）、安德鲁·帕克（Andrew

Parker）、玛丽·西利（Mary Seely）、史蒂夫·辛普森（Steve Simpson）、乔治·斯特凡诺（George Stefano）、格雷格·萨顿（Greg Sutton）、杰夫·汤姆伯林（Jeff Tomberlin）、格蕾丝·图泽尔（Grace Touzel）、卡塔琳娜·昂格尔（Katharina Unger）、丹尼尔·马丁·维加（Daniel Martin Vega）、大卫·沃特豪斯（David Waterhouse）唐·韦伯（Don Webber）、基兰·惠特克（Keiran Whittaker），还要感谢数以百万计的昆虫。

感谢伦敦自然历史博物馆出版团队和双翅目团队在学术和用词上提供的宝贵建议（以及杜松子酒），同时还要感谢阿尔菲（Alfie）、瑞格斯（Rags）和露比（Ruby）在写作间隙给予我的陪伴。

01 微观世界的弹跳王

Bergbreiter, S. et al. (2018), The principles of cascading power limits in small, fast biological and engineered systems. *Science*, 360 (6387).

Hopkins, G.H.E. and Rothschild, M. (1954), Rothchild Collection of Fleas. *Nature*, 173: 1204 – 6.

Kiick, K.L. et al. (2013), Resilin based hybrid hydrogels for cardiovascular tissue engineering. *Macromol. Chem. Phys.*, 214(2): 203 – 213.

Rothschild, M. (1964), Breeding of the rabbit flea (*Spilopsyllus cuniculi* (Dale)) controlled by the reproductive hormones of the host. *Nature*, 201:103 – 104.

Sutton, G. and Burrows, M. (2011), Biomechanics of jumping in the flea. *J. Exp. Biol.*, 214(5): 836 – 847.

Tihelka, E. et al. (2020), Fleas are parasitic scorpionflies. *Palaeoentomology*, 3(6): 641 – 653.

02 奇妙的共生启示

Arditti, J., Elliot, J., Kitching, I.J. and Wasserthal, L.T. (2012), 'Good Heavens what insect can suck it'– Charles Darwin, *Angraecum sesquipedale* and *Xanthopan morganii praedicta*. *Bot. J. Linn.*, 169:403 – 432.

Brožek, J. et al. (2015), The structure of extremely long mouthparts in the aphid genus *Stomaphis* Walker (Hemiptera: Sternorrhyncha: Aphididae). *Zoomorphology*, 134(3): 431 – 445.

Comparative Biomechanics and Evolution of Hawk Moth Proboscises.

Endersby, J. (2010), *Imperial Nature: Joseph Hooker and the Practices of Victorian Science*. University of Chicago Press.

Endersby, J. (2016), *Orchid – A Cultural History*. University of Chicago Press.

Kornev, K., Monaenkova, D., Adler, P., Beard, C.E., and Lee, W.K. (2016), Butterfly proboscis as a fiberbased self-cleaning micro fluidic system. *Proc. SPIE*, 9797, p.979705.

Nishimotoab, S. and Bhushan, B. (2013), Bioinspired self-cleaning surfaces with superhydrophobicity, superoleophobicity, and superhydrophilicity. *RSC Adv.*, issue 3.

Pauw, A. et al. (2009), Flies and flowers in Darwin's race. *Evolution*, 63(1).

The Correspondence of Charles Darwin, Vol. 10. Darwin Correspondence Project.

Tonhasca, A. (2022), *Sticky Contrivances*. WordPress blog.

Wallace, A.R. (1867), *Creation by Law*.

Willis, K. and Fry, C. (2013), *Plants from Roots to Riches*. John Murray.

03　遗传学明星

Anderson, D. and Brenner, S. (2008), Obituary Seymour Benzer. *Nature*, 451: 139.

Davenport, C.B. (1941), The early history of research with *Drosophila. Science*, Mar 28; 93(2413): 305 – 306.

Endersby, J. (2007), *A Guinea Pig's History of Biology*. Harvard University Press.

Greenspan, R.J. (1997), *Fly Pushing: The Theory and Practice of Drosophila Genetics*. Cold Spring Harbor Press.

Keller, A. (2007), *Drosophila melanogaster's* history as a human commensal. *Curr. Biol.*, 17(3), R77 – R81.

Mohr, S. (2018), *First in Fly: Drosophila Research and Biological Discovery*. Harvard University Press.

Moore, M. et al. (1998), Ethanol intoxication in *Drosophila*: genetic and pharmacological evidence for regulation by the cAMP signaling pathway. *Cell*, 93 (6).

Stensmyr, M. et al. (2018), African *Drosophila melanogaster are seasonal specialists on Marula* fruit. *Curr. Biol.*, Dec 17; 28(24): 3960 – 3968.

04 生命的律动

Cobb, M. (2002), Malpighi, Swammerdam and the colourful silkworm: replication and visual representation in early modern science. *Ann. Sci.*, 59: 111 – 147.

Cole, F.J. (1951), History of micro-dissection. *Proc. R. Soc. London, Ser. B*, 138: 159 –187.

Hammad, M. (2018), Bees and beekeeping in Ancient Egypt. *JAAUTH*, 15(1): 1 – 16.

Hassall, C. (2015), Odonata as candidate macroecological barometers for global climate change. *Freshw. Sci.*, 34(3).

Jorink, M.E. (2022), *Sibylla Merian and Johannes Swammerdam Conceptual Frameworks, Observational Strategies, and Visual Techniques.* Royal Netherlands Academy of Arts and Sciences.

Redi, F. (1909), *Experiments on the Generation of Insects.*

Swammerdam, J. (1669), *Historia Insectorum Generalis, ofte Algemeene verhandeling van de Bloedeloose Dierkens.* Meinardus van Drevnen, Amsterdam.

05 昆虫界的 "侦探"

Anderson, G.S. (2020), *Biological Influences on Criminal Behavior.* 2nd edition. Taylor Francis, CRC Press and Simon Fraser University Publications.

Erzinclioglu, Y.Z. (1983), The application of entomology to forensic medicine. *Med. Sci. Law*, 23(1).

Hall, M.J.R. and Martín-Vega, D. (2019), Visualization of insect metamorphosis. *Phil. Trans. R. Soc.* B, 374: 20190071.

Malainey, S.L. and Anderson, G.S. (2020), Impact of confinement in vehicle trunks on decomposition and entomological colonization of carcasses. *PLoS ONE*, 15(4): e0231207.

Martín-Vega, D. (2017), Age estimation during the blow fly intra-puparial period: a qualitative and quantitative approach using micro-computed tomography. *Int. J. Legal Med.*, 131: 1429–1448.

06 自然之美

Behrens, R.R. (2009), Revisiting Abbott Thayer: nonscientific reflections about camouflage in art, war and zoology. *Phil. Trans. R. Soc.* B, 364: 497 – 501.

Dugdale, J.S. (1974), Female genital configuration in the classification of Lepidoptera. *N. Z. J. Zool.*, 1:2, 127 – 146.

Espeland, M. et al. (2015), A comprehensive and dated phylogenomic analysis of butterflies. *Curr. Biol.*, 28 (5): 770 – 778.e5.

Kjernsmo, K.M. et al. (2020), Iridescence as camouflage. *Curr. Biol.*, 30: 551–555.

Shell, H.R. (2009), The crucial moment of deception: Abbott Handerson Thayer's law of protective coloration. *Cabinet Magazine*, issue 33.

Waring, S. (2015), Margaret Foutaine: A lepidopterist remembered. *Notes Rec. R. Soc.* 69: 53 – 68.

07 生态系统的绿色奇迹

De Sila, S.S. (2008), Towards understanding the impacts of the pet food industry on world fish and seafood supplies. *J. Agric. Environ. Ethics*, 21(5): 459 – 467.

McFadden, M.W. (1967), Soldier fly larvae in the United States North of Mexico. *Proc. U. S. Natl. Mus.*, Smithsonian Inst., 121(3569).

Smith, E.H. and Smith, J.R. (1996), Charles Valentine Riley the making of the man and his achievements. *Am. Entomol.*, 42(4).

Tomberlein, J.K. and van Huis, A. (2020), Black soldier fly from pest to 'crown jewel' of the insects as feed industry: an historical perspective. *J. Insects*, 6(1): 1– 4.

Tomberlein, J.K. et al. (2009), Development of the black soldier fly (Diptera: Stratiomyidae) in relation to temperature. *Environ. Entomol.*, 38(3): 930 – 934.

Van Huis, A. et al. (2013), *Edible insects: Future prospects for food and feed security: FAO Forestry*. Paper 171. Food and Agriculture Organization, United Nations.

White, K.P. (2023), Food neophobia and disgust, but not hunger, predict willingness to eat insect protein. Pers. *Individ. Differ., Feb.*, vol. 202.

08　沙漠生存的创新者

Fernandez, J.C. et al. (2022), Optimizing fog harvesting by biomimicry. *Phys. Rev. Fluids*, 7, 033604.

Griswold, E. (1988), Obituary: Reginald Frederick Lawrence, 1897 – 1987. *J. Arachnol.*, 16(2).

Jiang, Y. et al. (2022), Coalescence-induced propulsion of droplets on a superhydrophilic wire. *Appl. Phys. Lett.*, 121(23).

Mitchell, D. et al. (2020), Fog and fauna of the Namib Desert: past and future. *Ecosphere*, 11(1).

Seely, M.K. (1979), Irregular fog as a water source for desert dune beetles. *Oecologia*, 42: 213 – 227.

09　昆虫王国的智慧

Bridges, A., Chittka, L. et al. (2023), Bumblebees acquire alternative puzzlebox solutions via social learning. *PLoS Biol.*, 21(3): e3002019.

Chittka, L. and Rossi, N. (2022), Social cognition in insects. *Trends Cogn.*, 26(7).

Chittka, L. (2022), *The Mind of a Bee*. Princeton University Press.

Giurfa, M. et al. (2021), Charles Henry Turner and the cognitive behaviour of bees. *Apidologie*, 52: 684 – 695.

Jafferis, N., Helbling, E.F. et al. (2019), Untethered flight of an insect-sized flapping-wing microscale aerial vehicle. *Nature*, 570(7762).

Turner, C.H. (1911), Experiments on pattern-vision of the honey-bee. *Biol. Bull.*, 21(5): 249 – 264.

10 揭秘神经网络

Pupura, D.P. (1998), *Berta V. Scharrer*. National Academies Press, vol. 74: 289 – 308.

Scharrer, B. (1951), The Woodroach. *SciAm.*, 186(6): 58 – 63.

Scharrer, B. (1992). *The Concept of Neurosecretion and Its Place in Neurobiology*. In: Worden, F.G., Swazey, J.P. and Adelman, G. (eds), *The Neurosciences: Paths of Discovery*. I. Birkhäuser Boston.

Sendi, H. (2020), Nocticolid cockroaches are the only known dinosaur age cave survivors. *Gondwana Res.*, 82: 288 – 298.

Simpson, S.J. et al. (2009), Serotonin mediates behavioral gregarization underlying swarm formation in desert locusts. *Science*, 323(5914):627 – 630.

Smith, D.B. et al. (2016), Exploring miniature insect brains using micro-CT scanning techniques. *Sci. Rep.*, 6, 21768.

Turner, C.H. (1912), Behaviour of the Common Roach (*Periplaneta orientalis* L.) on an open maze. *J. Univ. Chicago*, 348 – 365.